Desalegn Amneu
Ayantu Nugusa

Ecologia microbiana

Desalegn Amneu
Ayantu Nugusa

Ecologia microbiana

Explorando a ecologia para além do olho nu

ScienciaScripts

Imprint
Any brand names and product names mentioned in this book are subject to trademark, brand or patent protection and are trademarks or registered trademarks of their respective holders. The use of brand names, product names, common names, trade names, product descriptions etc. even without a particular marking in this work is in no way to be construed to mean that such names may be regarded as unrestricted in respect of trademark and brand protection legislation and could thus be used by anyone.

Cover image: www.ingimage.com

This book is a translation from the original published under ISBN 978-620-7-84191-2.

Publisher:
Sciencia Scripts
is a trademark of
Dodo Books Indian Ocean Ltd. and OmniScriptum S.R.L publishing group

120 High Road, East Finchley, London, N2 9ED, United Kingdom
Str. Armeneasca 28/1, office 1, Chisinau MD-2012, Republic of Moldova, Europe
Managing Directors: Ieva Konstantinova, Victoria Ursu
info@omniscriptum.com

Printed at: see last page
ISBN: 978-620-8-53559-9

Conteúdo

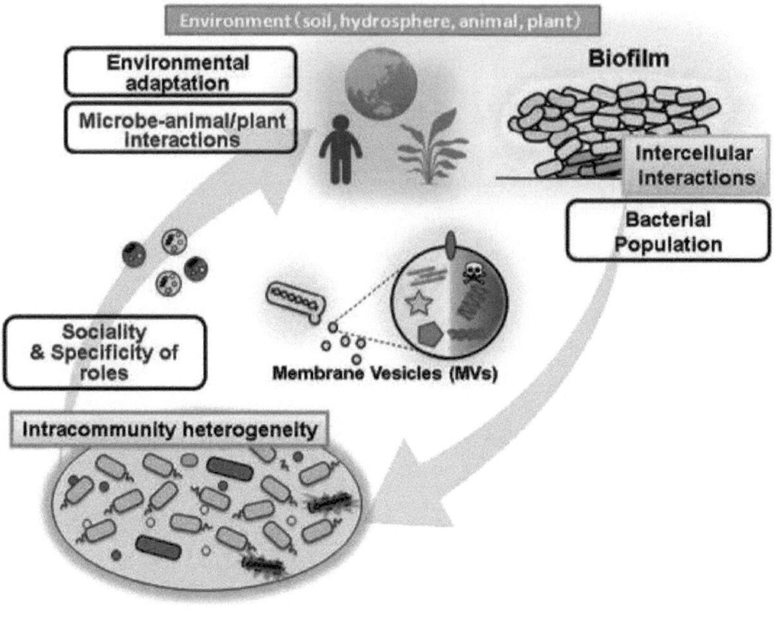
Environment (soil, hydrosphere, animal, plant)
Environmental adaptation
Microbe-animal/plant interactions
Biofilm
Intercellular interactions
Bacterial Population
Sociality & Specificity of roles
Membrane Vesicles (MVs)
Intracommunity heterogeneity

Prefácio

Bem-vindo ao cativante domínio da ecologia microbiana! Neste livro, embarcamos numa viagem para explorar o mundo intrincado e muitas vezes escondido dos microrganismos e o seu profundo impacto nos ecossistemas, na saúde humana e no planeta como um todo. A ecologia microbiana é um campo que transcende as fronteiras da biologia tradicional, mergulhando nas comunidades microscópicas que conduzem os processos fundamentais da vida. Desde as profundezas do solo até às vastas extensões dos oceanos, os microrganismos são os arquitectos invisíveis do nosso mundo natural.

Cada capítulo foi concebido para revelar diferentes facetas da ecologia microbiana. Começamos por mergulhar na espantosa diversidade de microrganismos, desde bactérias e archaea a fungos, protistas e vírus. Depois, desvendamos a intrincada rede de interações microbianas, desde a simbiose e a competição até à predação e à cooperação. À medida que viajamos pelas páginas, examinamos como os microrganismos moldam os ecossistemas através do ciclo de nutrientes, do fluxo de energia e da manutenção do equilíbrio ecológico. Também mergulhamos no fascinante mundo das comunidades microbianas, explorando a sua estrutura, dinâmica e resiliência face aos desafios ambientais.

Além disso, este livro vai para além dos conceitos teóricos, aprofundando as aplicações práticas da ecologia microbiana. Exploramos a forma como os microrganismos são aproveitados para a bioremediação, agricultura, medicina e biotecnologia, mostrando os benefícios tangíveis da compreensão e aproveitamento da diversidade microbiana. Ao longo deste livro, enfatizamos a natureza interdisciplinar da ecologia microbiana, extraindo ideias da microbiologia, ecologia, ciência ambiental e muito mais. Destacamos também as tecnologias e metodologias de ponta que impulsionam a investigação moderna em ecologia microbiana, desde a sequenciação de ADN e metagenómica a técnicas avançadas de imagiologia e modelação computacional.

Em última análise, o nosso objetivo é inspirar a curiosidade, fomentar a compreensão e despertar a paixão pelo notável mundo da vida microbiana. Esperamos que este livro sirva como um recurso valioso para todos os que procuram explorar e apreciar as maravilhas da ecologia microbiana.

Boa leitura e bem-vindo ao mundo microbiano!

Desalegn Amenu e Ayantu Nugusa

Explorando Mundos Microbianos: Uma Introdução à Ecologia Microbiana

Introdução à Ecologia Microbiana

A ecologia microbiana é um campo cativante que explora as intrincadas relações e interações dos microrganismos em diversos ecossistemas. No cerne da ecologia microbiana está a compreensão de que o mundo microbiano, repleto de bactérias, archaea, fungos, protistas e vírus, desempenha um papel fundamental na formação do ambiente e na manutenção da vida na Terra. Ao contrário dos organismos macroscópicos que frequentemente captam a nossa atenção, os microrganismos operam a uma escala impercetível a olho nu, mas o seu impacto coletivo é imenso.

No domínio da ecologia microbiana, os investigadores debruçam-se sobre a composição, a diversidade e as funções das comunidades microbianas em vários habitats, desde os solos terrestres e os ambientes aquáticos até aos intrincados microbiomas do nosso próprio corpo. Estes microrganismos envolvem-se numa miríade de interações, desde a simbiose cooperativa à utilização competitiva de recursos, à predação e à troca de material genético. Através das suas actividades metabólicas, os microrganismos conduzem processos essenciais dos ecossistemas, como o ciclo de nutrientes, a decomposição da matéria orgânica e a manutenção do equilíbrio ecológico.

Ao embarcarmos nesta exploração da ecologia microbiana, descobrimos não só a complexa rede de interações entre microrganismos, mas também as suas profundas implicações para a saúde humana, a sustentabilidade ambiental e os avanços biotecnológicos. Ao desvendar os mistérios do mundo microbiano, obtemos conhecimentos inestimáveis sobre o funcionamento dos ecossistemas e a interligação de todas as formas de vida no nosso planeta.

PARTE I

Fundamentos da Ecologia Microbiana

Capítulo Um: Introdução à Ecologia Microbiana

1.1. Definição e âmbito da ecologia microbiana

A ecologia microbiana é o estudo científico dos microrganismos, das suas interações entre si e das suas interações com o ambiente. Engloba uma vasta gama de disciplinas, incluindo a microbiologia, a ecologia, a genética, a biologia molecular, a bioinformática e as ciências ambientais. O âmbito da ecologia microbiana vai desde a compreensão da diversidade e das funções dos microrganismos em vários ecossistemas até à exploração do seu papel nos ciclos biogeoquímicos, na saúde humana e nos processos industriais.

Os principais aspectos da ecologia microbiana incluem:

Diversidade microbiana: Os microrganismos são incrivelmente diversos e incluem bactérias, archaea, fungos, protistas e vírus. Os ecologistas microbianos estudam a composição, abundância e distribuição destes microrganismos em diferentes habitats e ecossistemas.

Interações microbianas: Os microrganismos interagem uns com os outros e com organismos maiores de formas complexas. Estas interações incluem a simbiose (relações mutualistas, comensais e parasitárias), a competição por recursos, a predação e a cooperação.

Funcionamento do ecossistema: Os micróbios desempenham papéis cruciais nos processos dos ecossistemas, como o ciclo de nutrientes (ciclos do carbono, azoto, enxofre e fósforo), a decomposição da matéria orgânica e o fluxo de energia nas cadeias alimentares. Compreender as contribuições microbianas para o funcionamento dos ecossistemas é um dos principais objectivos da ecologia microbiana.

Adaptações ambientais: Os microrganismos desenvolveram diversas adaptações para sobreviver e prosperar em diferentes ambientes, incluindo condições extremas como temperaturas elevadas, acidez, salinidade e baixa disponibilidade de nutrientes. O estudo destas adaptações é importante para compreender a ecologia microbiana em diversos habitats.

Saúde humana e ecologia microbiana aplicada: Os micróbios têm um impacto significativo na saúde humana, quer como agentes patogénicos causadores de doenças infecciosas, quer como micróbios benéficos que mantêm o nosso bem-estar (por exemplo, a microbiota intestinal). A ecologia microbiana tem também aplicações práticas na bioremediação (utilização de micróbios para a limpeza de poluentes), na agricultura (estudo dos microbiomas do solo para a saúde das culturas), na medicina (por exemplo, investigação do microbioma humano) e na biotecnologia (utilização de micróbios em processos industriais).

A ecologia microbiana tem aplicações práticas em vários domínios. Por exemplo:

Microbiologia agrícola: Estudo das comunidades microbianas no solo e do seu papel no ciclo de nutrientes, nas interações planta-micróbio e na saúde do solo.

Microbiologia médica: Investigação do microbioma humano, dos agentes patogénicos microbianos, da resistência aos antibióticos e do desenvolvimento de probióticos.

Microbiologia industrial: Utilização de microrganismos para biorremediação, produção de biocombustíveis, fermentação de alimentos e aplicações biotecnológicas.

Engenharia Ecológica: Aproveitamento de processos microbianos para recuperação ambiental, tratamento de águas residuais e gestão sustentável de recursos.

De um modo geral, a ecologia microbiana fornece informações sobre os papéis fundamentais dos microrganismos nos ecossistemas, as suas interações com o ambiente e as suas potenciais aplicações em vários domínios. Faz a ponte entre as formas de vida microscópicas e os processos macroscópicos dos ecossistemas, oferecendo uma compreensão abrangente da vida a nível microbiano.

1.2. Evolução histórica e marcos no domínio

A ecologia microbiana é um domínio fascinante que se debruça sobre as relações intrincadas entre os microrganismos e o seu ambiente. As contribuições de Anton van Leeuwenhoek são monumentais a este respeito. O seu trabalho pioneiro abriu novas vias para a compreensão do mundo microbiano, lançando as bases da microbiologia moderna e da ecologia microbiana. Desde a época de van Leeuwenhoek, os avanços tecnológicos permitiram aos cientistas aprofundar ainda mais o domínio microbiano. Desde a descoberta de antibióticos até ao estudo de extremófilos em ambientes extremos, cada revelação contribuiu para a nossa compreensão da importância dos microrganismos para a vida na Terra.

A ecologia microbiana tem aplicações em vários domínios, desde a medicina e a agricultura até às ciências ambientais e à biotecnologia. Ao estudar as comunidades microbianas e as suas interações, os cientistas podem desenvolver novas estratégias para o controlo de doenças, melhorar as práticas agrícolas e até aproveitar os processos microbianos para soluções sustentáveis. De um modo geral, a história e os progressos actuais da ecologia microbiana realçam a importância destes organismos minúsculos mas poderosos e o seu profundo impacto no nosso mundo.

Eis um resumo dos desenvolvimentos históricos e dos marcos no domínio da ecologia microbiana:

1. **Antonie van Leeuwenhoek (século XVII)**:

- A invenção do microscópio por Van Leeuwenhoek conduziu às primeiras observações de microrganismos, lançando as bases da microbiologia e da ecologia microbiana.

2. **Teoria Germinal da Doença (século XIX)**:

- O trabalho de Louis Pasteur e Robert Koch estabeleceu a teoria germinal da doença, destacando o papel dos microrganismos na causa de infecções e doenças.

3. **Sergei Winogradsky (final do século XIX e início do século XX)**:
- A investigação de Winogradsky sobre o metabolismo microbiano, incluindo a fixação do azoto e a oxidação do enxofre, fez avançar a nossa compreensão das contribuições microbianas para os ciclos biogeoquímicos.
4. **Martinus Beijerinck (finais do século XIX e princípios do século XX)**:
- Os estudos de Beijerinck sobre culturas de enriquecimento e interações microbianas abriram caminho para compreender as comunidades microbianas e as suas funções.
5. **Conceitos ecológicos (século XX)**:
- As teorias ecológicas de G. Evelyn Hutchinson, tais como a teoria dos nichos e a sucessão ecológica, foram influentes na ecologia microbiana, salientando a importância dos factores ambientais.
6. **Revolução molecular (final do século XX)**:

- A descoberta por Carl Woese das archaea como um domínio distinto da vida e o desenvolvimento por Norman Pace de técnicas moleculares como a sequenciação do gene 16S rRNA revolucionaram a ecologia microbiana, levando a uma compreensão mais profunda da diversidade e evolução microbianas.
7. **Metagenómica e sequenciação de alto rendimento (século XXI)**:

- O advento da metagenómica e das tecnologias de sequenciação de elevado rendimento permitiu aos investigadores estudar comunidades microbianas inteiras e os seus potenciais funcionais, conduzindo a avanços significativos na investigação em ecologia microbiana.
8. **Projeto Microbioma Humano (século XXI)**:
- Iniciativas como o Projeto Microbioma Humano lançam luz sobre as complexas comunidades microbianas que habitam o corpo humano e o seu papel na saúde e na doença, estabelecendo uma ponte entre a ecologia microbiana e a saúde humana.

Estes desenvolvimentos históricos e marcos históricos reflectem a evolução progressiva da ecologia microbiana como disciplina científica, desde as primeiras observações de microrganismos até às técnicas moleculares e computacionais avançadas que expandiram a nossa compreensão da diversidade microbiana, das interações, das funções e dos papéis ecológicos.

1.1. Importância dos microrganismos nos ecossistemas e na saúde humana

Os microrganismos desempenham papéis cruciais nos ecossistemas e na saúde humana, o que os torna indispensáveis à vida na Terra. Eis alguns pontos-chave que realçam a sua importância:

1. **Funcionamento do ecossistema**:

- Os microrganismos são essenciais para o funcionamento dos ecossistemas, uma vez que estão envolvidos

no ciclo de nutrientes, na decomposição da matéria orgânica e na formação do solo. Decompõem compostos orgânicos complexos em formas mais simples, libertando nutrientes de que as plantas e outros organismos necessitam para o seu crescimento e desenvolvimento.

2. **Ciclos Biogeoquímicos:**

- Os microrganismos são actores-chave nos ciclos biogeoquímicos, como o do carbono, ciclos do azoto, do enxofre e do fósforo. Convertem o azoto atmosférico em formas utilizáveis pelas plantas (fixação do azoto), reciclam o carbono através da decomposição e contribuem para o ciclo de outros elementos críticos para a vida.

3. **Saúde do solo:**

- Os microrganismos do solo, incluindo bactérias, fungos e protozoários, desempenham um papel vital

na manutenção da saúde e fertilidade do solo. Decompõem a matéria orgânica, melhoram a estrutura do solo e ajudam as plantas a absorver nutrientes. Os micróbios também contribuem para a supressão dos agentes patogénicos das plantas e promovem o seu crescimento.

4. **Bioremediação:**

- Os microrganismos são utilizados em processos de bioremediação para limpar os poluentes

e contaminantes no ambiente. Certas bactérias e fungos podem degradar produtos químicos nocivos, óleos e poluentes, tornando a bioremediação uma abordagem ecológica para a limpeza ambiental.

Ecologia Microbiana: Explorando a Ecologia para além do Olho Nu

5. **Saúde humana:**

- Os microrganismos têm um impacto profundo na saúde humana. Benefícios

Os microrganismos do corpo humano, como os do microbioma intestinal, ajudam na digestão, na síntese de vitaminas e na regulação do sistema imunitário. As perturbações no microbioma podem levar a vários problemas de saúde.

6. **Medicina e Biotecnologia**:

- Os microrganismos foram fundamentais para o desenvolvimento dos antibióticos,

vacinas e outros tratamentos médicos. São também utilizados em biotecnologia para a produção de enzimas, biocombustíveis, produtos farmacêuticos e bioplásticos.

7. **Produção de alimentos:**

- Os microrganismos estão envolvidos nos processos de produção de alimentos, tais como fermentação (por exemplo, iogurte, queijo, cerveja) e bioconversão de resíduos agrícolas em produtos úteis. Desempenham também um papel na preservação e segurança dos alimentos.

8. **Equilíbrio ambiental:**

- Os microrganismos contribuem para a manutenção do equilíbrio ambiental

regulando as emissões de gases com efeito de estufa, decompondo os resíduos orgânicos e participando nas interações ecológicas que sustentam a biodiversidade.

De um modo geral, os microrganismos são parte integrante do funcionamento dos ecossistemas, da sustentabilidade da agricultura, da saúde humana e de várias indústrias. A compreensão e o aproveitamento do poder dos microrganismos são essenciais para enfrentar os desafios globais relacionados com a segurança alimentar, a poluição ambiental e a saúde pública.

CHAPTER 2: DIVERSIDADE MICROBIANA

2.1. Visão geral dos microrganismos

Com certeza! Eis um resumo dos principais grupos de microrganismos:

1. **Bactérias**:

As bactérias são organismos procarióticos unicelulares que se encontram em quase todos os ambientes da Terra. Existem em várias formas (esféricas, em forma de bastonete e em espiral) e tamanhos.

As bactérias desempenham papéis cruciais nos ecossistemas, como a fixação de azoto (conversão do azoto atmosférico em formas utilizáveis pelas plantas), a decomposição de matéria orgânica e o ciclo de nutrientes.

Enquanto algumas bactérias são benéficas e necessárias para a saúde humana (por exemplo, microbiota intestinal que ajuda na digestão, probióticos), outras podem causar doenças (bactérias patogénicas).

2. **Archaea:**

As arqueas são outro grupo de organismos procarióticos unicelulares, distintos das bactérias e frequentemente encontrados em ambientes extremos, como fontes termais, fontes hidrotermais de águas profundas e salinas.

Possuem caraterísticas bioquímicas e genéticas únicas, o que os torna importantes nos ciclos biogeoquímicos, na investigação de extremófilos e em aplicações biotecnológicas.

3. **Fungos:**

Os fungos são organismos eucarióticos que incluem as leveduras, os bolores e os cogumelos. São heterotróficos, o que significa que obtêm nutrientes através da absorção de matéria orgânica do seu ambiente.

Os fungos desempenham um papel fundamental nos ecossistemas enquanto decompositores, decompondo a matéria orgânica morta e reciclando os nutrientes. Também formam relações mutualistas com as plantas (micorrizas) e contribuem para a saúde do solo.

Alguns fungos são agentes patogénicos que podem causar doenças nas plantas (por exemplo, doenças das culturas) e nos animais (por exemplo, infecções fúngicas nos seres humanos).

4. **Protistas:**

Os protistas são um grupo diversificado de microrganismos eucarióticos que não são plantas, animais ou fungos. Incluem os protozoários (organismos unicelulares) e as algas (organismos fotossintéticos).

Os protistas podem ser encontrados em ambientes aquáticos (por exemplo, plâncton), no solo e como simbiontes noutros organismos. Desempenham papéis no ciclo de nutrientes, nas cadeias alimentares e como produtores primários nos ecossistemas aquáticos.

Alguns protistas são agentes patogénicos que causam doenças como a malária (Plasmodium), a disenteria amebiana (Entamoeba histolytica) e a toxoplasmose (Toxoplasma gondii).

5. **Vírus:**

Os vírus são elementos genéticos que necessitam de uma célula hospedeira para se replicarem e não são considerados organismos vivos em nenhuma definição. São constituídos por material genético (ADN ou ARN) rodeado por um revestimento proteico.

Os vírus infectam todas as formas de vida, incluindo bactérias (bacteriófagos), plantas, animais e seres humanos. Podem causar doenças (por exemplo, gripe, COVID-19) e têm impactos significativos nos ecossistemas e na saúde humana.
Os vírus são também utilizados na biotecnologia (por exemplo, terapia genética, vectores virais) e na investigação (por exemplo, evolução viral, interações vírus-hospedeiro).

Ecologia Microbiana: Explorando a Ecologia para além do Olho Nu

Cada grupo de microrganismos tem as suas caraterísticas únicas, papéis ecológicos e impactos nos ecossistemas, na saúde humana e nas indústrias. Compreender a sua diversidade e funções é essencial para vários domínios, incluindo a microbiologia, a ecologia, a biotecnologia e a medicina.

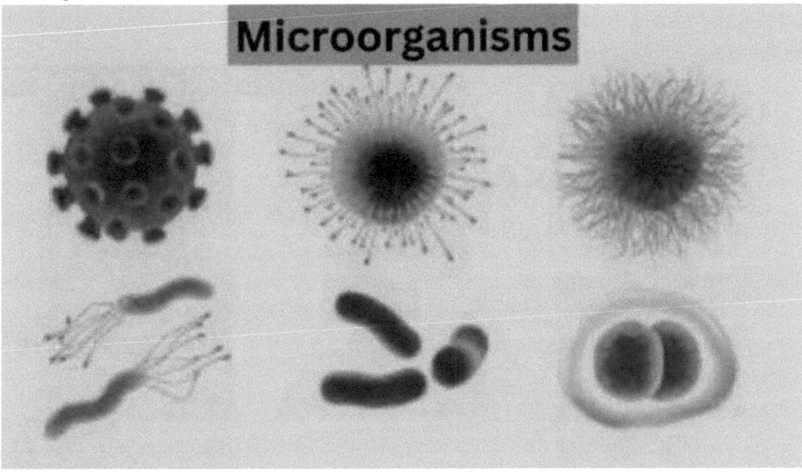

Figura 1: Tipos de microrganismos

2.2. Métodos de estudo da diversidade microbiana

4- Os métodos de estudo da diversidade microbiana evoluíram significativamente, incorporando tanto técnicas tradicionais baseadas em culturas como abordagens moleculares modernas. Eis alguns dos principais métodos utilizados nos estudos da diversidade microbiana:

Técnicas baseadas na cultura:

Isolamento e cultivo: Os microrganismos são isolados de amostras ambientais utilizando meios selectivos e depois cultivados em laboratório para obter culturas puras. Este método permite a identificação e a caraterização de espécies microbianas específicas.

Caracterização fenotípica: Os microrganismos cultivados são caracterizados com base nas suas caraterísticas morfológicas, fisiológicas e bioquímicas. Isto inclui a observação da morfologia da colónia, caraterísticas de crescimento, actividades metabólicas e sensibilidade aos antibióticos.

Técnicas moleculares:

Sequenciação do gene 16S rRNA: Trata-se de um método molecular amplamente utilizado para estudar a diversidade bacteriana e arqueal. O gene 16S rRNA é amplificado utilizando a reação em cadeia da polimerase (PCR) e as sequências são analisadas para identificar os taxa microbianos e avaliar as relações filogenéticas.

Sequenciação do gene 18S rRNA: Semelhante à sequenciação do gene 16S rRNA, este método tem como alvo o gene 18S rRNA em microrganismos eucarióticos (protistas, fungos), fornecendo informações sobre a sua diversidade e relações evolutivas.

Sequenciação ITS: A sequenciação da região ITS (Internal Transcribed Spacer) tem como alvo a região ITS dos fungos (ITS1 e ITS2) para análise da diversidade fúngica. É útil para identificar taxa de fungos e estudar a estrutura da comunidade fúngica.

Metagenómica: A sequenciação metagenómica envolve a sequenciação de ADN diretamente a partir de amostras ambientais sem necessidade de cultura. Fornece uma visão abrangente da diversidade microbiana, do potencial funcional e das vias metabólicas presentes numa comunidade microbiana.

Metatranscriptómica, Metaproteómica e Metabolómica: Estas abordagens ómicas analisam a expressão genética (transcriptómica), os perfis proteicos (proteómica) e as concentrações de metabolitos (metabolómica) nas comunidades microbianas, fornecendo informações sobre as suas actividades e interações funcionais.

Bioinformática e ferramentas computacionais:

Análise de sequências: São utilizadas ferramentas de bioinformática para analisar e interpretar dados de sequenciação, incluindo alinhamento de sequências, classificação taxonómica, índices de diversidade e análise filogenética.

Análise estatística: São aplicados métodos estatísticos como a análise de rarefação, a diversidade alfa (diversidade dentro da amostra), a diversidade beta (diversidade entre amostras) e a análise multivariada para avaliar os padrões de diversidade microbiana e a composição das comunidades.

Hibridação in situ por fluorescência (FISH):

A FISH é uma técnica baseada na microscopia que utiliza sondas marcadas com fluorescência para identificar grupos ou taxa microbianos específicos em amostras ambientais. Fornece informações espaciais sobre a distribuição microbiana e a estrutura da comunidade.

Ao integrar estes métodos, os investigadores podem obter uma compreensão abrangente da diversidade microbiana, da dinâmica da comunidade, dos potenciais funcionais e dos papéis ecológicos em vários ambientes. Este conhecimento é valioso para estudos ecológicos, prospeção biológica, monitorização ambiental e gestão de recursos microbianos

2.3. Padrões de diversidade microbiana em diferentes ambientes

A diversidade microbiana apresenta padrões que variam em diferentes ambientes devido a factores como a disponibilidade de nutrientes, a temperatura, o pH, a humidade e as actividades humanas. Seguem-se alguns padrões gerais de diversidade microbiana observados em vários ambientes:

1. Ambientes terrestres:

Solos: A diversidade microbiana do solo é influenciada por factores como o tipo de solo, o teor de matéria orgânica, a utilização do solo e a vegetação. Em geral, a diversidade microbiana diminui com o aumento da profundidade do solo, mas pode variar muito consoante as propriedades do solo e as condições ambientais.

Desertos: Os solos dos desertos têm uma menor diversidade microbiana devido às condições áridas, à disponibilidade limitada de água e aos factores ambientais adversos. No entanto, microrganismos extremófilos especializados, adaptados à seca e a temperaturas elevadas, podem desenvolver-se em solos desérticos.

Florestas: Os solos florestais apresentam uma maior diversidade microbiana em comparação com outros ambientes terrestres, o que se deve à entrada de matéria orgânica proveniente das plantas, à diversidade de micro-habitats e às interações microbianas com as raízes das plantas (rizosfera).

2. Ambientes aquáticos:

Água doce: A diversidade microbiana nos ecossistemas de água doce varia com factores como a disponibilidade de nutrientes, o fluxo de água, a temperatura e o pH. Os rios, lagos e lagoas suportam diversas comunidades microbianas, incluindo bactérias, algas, protozoários e fungos.

Ambientes marinhos: Os ecossistemas marinhos apresentam uma elevada diversidade microbiana, particularmente nas zonas costeiras e nos recifes de coral. Os microrganismos desempenham um papel fundamental no ciclo de nutrientes, na produção primária e nas relações simbióticas com os organismos marinhos.

3. Ambientes extremos:

Temperaturas extremas: A diversidade microbiana diminui em temperaturas extremas, como as regiões polares (frio extremo) e as fontes termais geotérmicas (calor extremo). Os extremófilos adaptados a estas condições extremas, como os psicrófilos, termófilos e halófilos, dominam estes ambientes.

pH e salinidade extremos: Os ambientes ácidos ou alcalinos (solos ácidos, lagos alcalinos) e hipersalinos (salinas, solos salinos) suportam comunidades microbianas especializadas adaptadas a níveis extremos de pH e salinidade.

4. Ambientes associados ao homem:

Intestino humano: O microbioma intestinal apresenta uma elevada diversidade microbiana, com milhares de espécies bacterianas. A dieta, o estilo de vida, a idade e o estado de saúde influenciam a diversidade microbiana intestinal, que desempenha um papel crucial na digestão, na função imunitária e na saúde em geral.

Ambientes construídos: Os ambientes interiores, tais como edifícios, hospitais e sistemas de distribuição de água, têm comunidades microbianas únicas influenciadas pelas actividades humanas, ventilação, níveis de humidade e materiais de superfície.

5. Ambientes agrícolas e urbanos:

Solos agrícolas: As práticas agrícolas, a gestão dos solos, a fertilização e os tipos de culturas influenciam a diversidade microbiana do solo. A agricultura biológica e os sistemas de cultivo diversificados suportam frequentemente uma maior diversidade microbiana em comparação com a monocultura e a agricultura convencional.

Ambientes urbanos: As áreas urbanas têm comunidades microbianas distintas, moldadas por populações humanas, poluição, urbanização e mudanças no uso do solo. Os solos urbanos, os parques e as massas de água apresentam uma diversidade microbiana influenciada pelos efeitos da urbanização.

A compreensão destes padrões de diversidade microbiana em diferentes ambientes é crucial para estudos ecológicos, esforços de conservação, gestão ambiental e saúde humana avaliações. Também informa estratégias para a utilização sustentável dos solos, a conservação da biodiversidade e a utilização de recursos microbianos.

CHAPTER 3: INTERACÇÕES MICROBIANAS

3.1. Relações simbióticas

As relações simbióticas são interações entre duas espécies diferentes que vivem em estreita colaboração e que podem ter efeitos variáveis uma sobre a outra. Eis os três principais tipos de relações simbióticas: mutualismo, comensalismo e parasitismo.

1. Mutualismo:

O mutualismo é um tipo de relação simbiótica em que ambas as espécies beneficiam da interação. Ambos os parceiros obtêm vantagens, como o acesso a recursos, proteção ou outros serviços.

Exemplos de mutualismo incluem:

Mutualismo de polinização: As abelhas e as plantas com flores têm uma relação mutualista em que as abelhas obtêm néctar e pólen para se alimentarem, enquanto as plantas beneficiam da polinização para se reproduzirem.

Bactérias fixadoras de azoto e leguminosas: Certas bactérias (por exemplo, Rhizobium) formam nódulos nas raízes das leguminosas, fixando o azoto atmosférico numa forma utilizável pelas plantas e, em troca, as plantas fornecem nutrientes e abrigo às bactérias.

2. Comensalismo:

O comensalismo é uma relação simbiótica em que uma espécie beneficia da interação, enquanto a outra não é prejudicada nem ajudada.

Exemplos de comensalismo incluem:

Epífitas em árvores: As plantas epífitas, como as orquídeas ou os musgos, crescem nos ramos das árvores, utilizando a árvore como suporte e acesso à luz solar sem afetar significativamente a saúde da árvore.

Rémoras e tubarões: Os peixes rémora ligam-se aos tubarões, ganhando proteção e acesso a restos de comida das presas do tubarão sem prejudicar o tubarão.

3. Parasitismo:

O parasitismo é uma relação simbiótica em que uma espécie (parasita) beneficia à custa da outra espécie (hospedeiro), causando frequentemente danos ou efeitos negativos ao hospedeiro.

Exemplos de parasitismo incluem:

Parasita da malária: O parasita Plasmodium causa a malária nos seres humanos ao infetar os glóbulos vermelhos, provocando sintomas e doenças potencialmente graves.

Ténias no trato intestinal: As ténias são parasitas que vivem nos intestinos dos animais, incluindo os humanos, alimentando-se dos nutrientes do sistema digestivo do hospedeiro.

Estas relações simbióticas são componentes essenciais dos ecossistemas, influenciando as interações entre as espécies, a dinâmica das populações e a estabilidade dos ecossistemas. Demonstram a interconexão e a interdependência dos organismos nos sistemas naturais, destacando as diversas formas de interação e coexistência das espécies.

3.2. Interações e recursos competitivos

1. **Definição de Interações Competitivas**: As interações competitivas entre microrganismos referem-se aos processos através dos quais diferentes espécies microbianas competem por recursos limitados no seu ambiente. Estes recursos podem incluir nutrientes, espaço, fontes de

energia e outros factores necessários ao crescimento e à sobrevivência.

2. **Tipos de concursos:**

Competição de exploração: Na competição exploratória, os microrganismos competem indiretamente através do consumo de recursos partilhados, tais como compostos orgânicos, minerais ou nutrientes essenciais. A espécie de crescimento mais rápido ou mais eficiente pode esgotar os recursos mais rapidamente, reduzindo a disponibilidade para outras espécies.

Competição de interferência: A competição por interferência envolve interações diretas entre microrganismos, como a guerra química através da produção de compostos inibitórios ou a interferência física através de agressão, fixação ou inibição do crescimento.

3. **Partição de recursos:**

Partição espacial de recursos: Os microrganismos podem dividir os recursos espacialmente, ocupando diferentes nichos ou microambientes no seu habitat. Por exemplo, certas bactérias podem prosperar em zonas aeróbias enquanto outras dominam em ambientes anaeróbicos ou com pouco oxigénio, reduzindo efetivamente a competição direta.

Partição Temporal de Recursos: A partilha temporal de recursos envolve a utilização de recursos em diferentes alturas ou fases de crescimento. Os microrganismos podem apresentar padrões de atividade diurnos ou sazonais, garantindo o acesso aos recursos quando os concorrentes estão menos activos.

4. **Estratégias para uma vantagem competitiva:**

Versatilidade metabólica: Os microrganismos com uma vasta gama de capacidades metabólicas podem adaptar-se à disponibilidade variável de recursos e competir com espécies especializadas em ambientes flutuantes.

Utilização eficiente dos recursos: As espécies que utilizam eficazmente os recursos disponíveis, como as fontes de azoto ou de carbono, podem obter uma vantagem competitiva maximizando as taxas de crescimento e de reprodução.

Formação de biofilme: Os microrganismos produtores de biofilme podem formar estruturas complexas que proporcionam proteção, adesão e melhor aquisição de recursos, permitindo-lhes competir com espécies não formadoras de biofilme.

Deteção de quorum e comunicação: Alguns microrganismos utilizam mecanismos de comunicação e deteção de quorum para coordenar o comportamento, regular a expressão genética e otimizar a utilização de recursos coletivamente, aumentando a aptidão competitiva.

5. **Efeitos na dinâmica dos ecossistemas:**

As interações competitivas entre microrganismos influenciam a estrutura da comunidade, a diversidade e o funcionamento do ecossistema.

A partilha de recursos pode promover a coexistência, reduzindo a concorrência direta e permitindo a diferenciação de nichos, o que conduz a uma maior biodiversidade e estabilidade nas comunidades microbianas.

A exclusão competitiva pode ocorrer quando uma espécie compete com outras por recursos essenciais, podendo levar a alterações na composição da comunidade ou a perturbações no ecossistema.

6. **Estudos de investigação**:

Estudos que utilizam abordagens metagenómicas e metatranscriptómicas revelaram interações competitivas complexas e estratégias de partilha de recursos entre comunidades microbianas em vários ambientes, incluindo o solo, a água e o microbioma humano.

Foram utilizados modelos experimentais, tais como quimiostatos e microcosmos, para simular a dinâmica competitiva e explorar os factores que influenciam os resultados da competição entre microrganismos.

3.3. **Predação, cooperação e comunicação**

1. **Predação em comunidades microbianas**:

A predação em comunidades microbianas envolve o consumo de um microrganismo (predador) por outro (presa) como forma de adquirir nutrientes ou energia. As interações predatórias são comuns entre bactérias, archaea e protistas e desempenham um papel significativo na dinâmica das comunidades microbianas.

Exemplos de predadores microbianos incluem bacteriófagos (vírus que infectam bactérias), bactérias predadoras como Bdellovibrio e Myxococcus, e protistas como amebas e ciliados que consomem bactérias e outros micróbios.

A predação pode regular as populações microbianas, controlar a diversidade de espécies e influenciar a estabilidade do ecossistema, impedindo a dominância de certas espécies e promovendo a diversidade.

2. **Cooperação em comunidades microbianas:**

A cooperação refere-se a interações entre microrganismos em que os indivíduos trabalham em conjunto para obterem benefícios mútuos, tais como um maior crescimento, sobrevivência ou aquisição de recursos.

Exemplos de comportamentos cooperativos incluem:

Formação de biofilme: Os microrganismos cooperam para formar biofilmes, estruturas multicelulares que fornecem proteção, aderência a superfícies e acesso partilhado a nutrientes.

Interações metabólicas: As interações de alimentação cruzada e sintróficas ocorrem quando diferentes espécies microbianas trocam metabolitos ou cooperam em vias metabólicas para utilizar os recursos de forma mais eficiente.

Comportamento social: Algumas bactérias apresentam comportamentos sociais como a deteção de quorum, em que comunicam e coordenam a expressão genética com base na densidade populacional, levando a respostas colectivas como a produção de factores de virulência ou a formação de biofilmes.

A cooperação aumenta a resiliência e a adaptabilidade das comunidades microbianas, permitindo-lhes prosperar em ambientes diversos e explorar recursos complexos.

3. **Comunicação em comunidades microbianas:**

A comunicação envolve sinalização química e interações moleculares entre microrganismos, permitindo respostas e comportamentos coordenados nas comunidades microbianas.

Deteção de quorum: Muitas bactérias utilizam a deteção de quorum para comunicar através de moléculas de sinalização chamadas auto-indutores. O quorum sensing regula a expressão genética com base na densidade populacional, coordenando actividades como a virulência, a formação de biofilme e a aquisição de nutrientes.

Transferência horizontal de genes (HGT): Os microrganismos comunicam informação genética através de mecanismos de HGT, como a conjugação, a transformação e a transdução. Isto permite a rápida partilha de caraterísticas benéficas, como a resistência a antibióticos ou capacidades metabólicas.

Comunicação inter-espécies: As comunidades microbianas participam na comunicação inter-espécies, em que diferentes espécies trocam sinais e interagem de forma sinérgica ou competitiva. Por exemplo, as bactérias podem produzir moléculas de sinalização que afectam o comportamento ou a expressão genética de outras espécies na sua vizinhança.

A comunicação facilita as respostas adaptativas, a utilização de recursos e as estratégias de sobrevivência nas comunidades microbianas, contribuindo para a sua aptidão global e sucesso ecológico.

4. Implicações para a ecologia microbiana e a biotecnologia:

A compreensão da predação, cooperação e comunicação nas comunidades microbianas é crucial para o estudo da dinâmica dos ecossistemas, da diversidade microbiana e dos serviços ecossistémicos.

As aplicações em biotecnologia incluem o aproveitamento de interações cooperativas para processos de bioremediação, biocontrolo e bioprodução. Além disso, o estudo de

Ecologia Microbiana: Exploring Ecology beyond the Naked Eye os mecanismos de comunicação podem inspirar novas estratégias para manipular as comunidades microbianas de forma benéfica.

PARTE II

COMUNIDADES MICROBIANAS E PROCESSOS ECOSSISTÉMICOS

Chapter 4: Estrutura da comunidade microbiana

4.1. Factores que influenciam a comunidade microbiana

A composição da comunidade microbiana é influenciada por uma interação complexa de factores bióticos e abióticos. Eis alguns dos principais factores que moldam as comunidades microbianas:

1. **Factores bióticos**:

Organismos hospedeiros: As comunidades microbianas variam frequentemente consoante o organismo hospedeiro que habitam. Diferentes hospedeiros fornecem nichos e recursos únicos que podem suportar espécies microbianas específicas.

Predação e competição: Interações como a predação por bacteriófagos (vírus que infectam bactérias) e a competição por recursos entre espécies microbianas podem influenciar a composição da comunidade.

Relações simbióticas: As relações mutualistas, comensais ou parasitárias entre micróbios e outros organismos podem moldar as comunidades microbianas. Por exemplo, bactérias simbióticas fixadoras de azoto nas raízes das plantas.

2. **Factores abióticos:**

Temperatura: As comunidades microbianas são sensíveis às flutuações de temperatura. Diferentes espécies desenvolvem-se em intervalos de temperatura específicos, o que leva a mudanças na composição da comunidade com base nas variações de temperatura.

pH: A acidez ou alcalinidade do ambiente (pH) pode ter um forte impacto nas comunidades microbianas. Os acidófilos desenvolvem-se em ambientes ácidos, enquanto os alcalifílicos preferem condições alcalinas.

Disponibilidade de nutrientes: A disponibilidade de nutrientes como o carbono, o azoto, o fósforo e os oligoelementos influencia a diversidade e a composição microbiana. Os ambientes ricos em nutrientes podem suportar comunidades diversas.

Disponibilidade de oxigénio: Os níveis de oxigénio, que variam de aeróbio (rico em oxigénio) a anaeróbio (pobre em oxigénio), determinam quais as espécies microbianas que podem prosperar. Este fator é crucial em ambientes como o solo, as massas de água e o intestino humano.

Salinidade: As concentrações de sal em habitats aquáticos e terrestres podem influenciar a estrutura da comunidade microbiana. Os halófilos estão adaptados a ambientes com elevado teor de sal, enquanto outros preferem condições de baixo teor de sal.

Perturbações ambientais: Eventos como incêndios florestais, poluição, alterações climáticas e actividades humanas podem perturbar as comunidades microbianas, levando a alterações na composição e diversidade.

Factores físicos: Factores como a intensidade da luz, a humidade, a pressão e o tipo de substrato (por exemplo, a textura do solo) também desempenham um papel na formação das comunidades microbianas.

Compreender estes factores e as suas interações é essencial para estudar a ecologia microbiana, a dinâmica dos ecossistemas e as respostas das comunidades microbianas às alterações ambientais.

A influência dos factores bióticos e abióticos na composição da comunidade microbiana afecta diretamente os micróbios de várias formas:

3. **Diversidade e abundância de espécies:**

Factores bióticos como a competição, a predação e as relações simbióticas podem ter impacto na diversidade e abundância de espécies microbianas numa comunidade. Por exemplo, a competição

A disputa pelos recursos pode levar à dominância de certas espécies sobre outras, reduzindo a diversidade global.

Factores abióticos como a disponibilidade de nutrientes, o pH, a temperatura e a salinidade podem criar nichos ambientais específicos que favorecem certas espécies microbianas. Isto pode levar ao enriquecimento de certos taxa e à supressão de outros.

4. **Atividade Metabólica e Funcionalidade:**

A presença ou ausência de factores bióticos, como organismos hospedeiros ou simbiontes, pode influenciar as actividades metabólicas microbianas. Por exemplo, as relações simbióticas entre micróbios e plantas podem melhorar o ciclo de nutrientes ou a resistência a agentes patogénicos.

Os factores abióticos, como a disponibilidade de oxigénio, a temperatura e o pH, têm um impacto direto nas taxas metabólicas microbianas e nas actividades enzimáticas. Os micróbios podem apresentar diferentes vias metabólicas ou adaptações em resposta a estas condições ambientais.

5. **Interações e dinâmica da comunidade:**

As interações bióticas como o mutualismo, o parasitismo ou o comensalismo moldam a dinâmica das comunidades microbianas. As relações mutualistas podem levar a interações cooperativas e trocas metabólicas, influenciando a estabilidade da comunidade.

Os factores abióticos, como as perturbações ambientais ou as alterações nos níveis de nutrientes, podem perturbar as interações da comunidade, conduzindo a alterações na composição e função microbianas.

6. **Adaptação e evolução:**

Os micróbios podem adaptar-se a condições ambientais variáveis ao longo do tempo através de mutações genéticas, transferência horizontal de genes e pressões de seleção impostas por factores bióticos e abióticos. Esta adaptação pode resultar no aparecimento de novas espécies ou estirpes microbianas mais adequadas a nichos específicos.

A exposição prolongada a determinados factores bióticos ou abióticos pode impulsionar a evolução microbiana, levando ao desenvolvimento de caraterísticas que aumentam a sobrevivência e a competitividade dentro de uma comunidade.

Em resumo, as interações complexas entre factores bióticos e abióticos moldam a composição, a diversidade, as actividades metabólicas e as trajectórias evolutivas da comunidade microbiana. A compreensão destas influências é crucial para desvendar a dinâmica dos ecossistemas, prever as respostas microbianas às alterações ambientais e aproveitar as funções microbianas para várias aplicações em biotecnologia, agricultura, medicina e gestão ambiental.

4.2. Sucessão em comunidades microbianas

A sucessão em comunidades microbianas refere-se às mudanças previsíveis e sequenciais na composição e diversidade microbianas ao longo do tempo em resposta às condições ambientais. Existem dois tipos principais de sucessão nas comunidades microbianas: a sucessão primária e a sucessão secundária.

1. **Sucessão primária**:

Definição: A sucessão primária ocorre em ambientes inicialmente desprovidos de vida ou onde a colonização microbiana começa do zero, tais como superfícies rochosas recém-formadas, terrenos estéreis após uma erupção vulcânica ou recuos de glaciares que expõem o solo nu.

Processo:

Os microrganismos pioneiros, frequentemente litotróficos (que se alimentam de rochas) ou autotróficos (capazes de produzir o seu próprio alimento), colonizam o substrato nu.

Estas espécies pioneiras decompõem os minerais ou a matéria orgânica, contribuindo para a formação do solo e para a disponibilidade de nutrientes.

À medida que o solo se desenvolve e as condições ambientais se tornam mais favoráveis, estabelece-se uma comunidade diversificada de micróbios, incluindo heterótrofos (organismos que obtêm energia a partir de compostos orgânicos).

Exemplo: A colonização de rochas vulcânicas por microrganismos capazes de intemperizar minerais e contribuir para a formação do solo é um exemplo de sucessão primária em comunidades microbianas.

2. **Sucessão secundária:**

Definição: A sucessão secundária ocorre em ambientes onde a comunidade microbiana foi perturbada ou interrompida, como após um incêndio florestal, abandono de terras agrícolas ou tratamento de águas residuais.

Processo:

Após a perturbação, algumas espécies microbianas podem sobreviver ou recolonizar a área a partir de fontes próximas (por exemplo, solo, ar, água).

As espécies pioneiras com taxas de crescimento rápido ou caraterísticas tolerantes ao stress dominam inicialmente, utilizando os recursos disponíveis e criando condições para o estabelecimento de outras espécies.

Ao longo do tempo, a comunidade sofre alterações na composição e estrutura das espécies, com espécies mais competitivas a substituir as pioneiras iniciais e a aumentar a diversidade.

Exemplo: A descolonização do solo e da vegetação por comunidades microbianas após um incêndio florestal ou a restauração da diversidade microbiana em campos agrícolas abandonados representa uma sucessão secundária.

Os principais factores que influenciam a sucessão nas comunidades microbianas incluem

Condições ambientais: Factores como a disponibilidade de nutrientes, o pH e a humidade, a temperatura e o tipo de substrato influenciam as espécies microbianas que podem colonizar e prosperar.

Eventos de perturbação: As perturbações naturais ou induzidas pelo homem (por exemplo, incêndios, poluição, alterações na utilização dos solos) podem reiniciar as comunidades microbianas, desencadeando processos de sucessão.

Interações microbianas: A competição, a predação, o mutualismo e a simbiose entre espécies microbianas desempenham um papel na formação de comunidades e nos padrões de sucessão.

Compreender a sucessão microbiana é essencial para a recuperação dos ecossistemas, a formação de solos, a bioremediação e a previsão das respostas dos ecossistemas às alterações ambientais. Fornece informações sobre a forma como as comunidades microbianas se adaptam e evoluem ao longo do tempo, moldando o funcionamento e a estabilidade do ecossistema. A sucessão nas comunidades microbianas, quer primária quer secundária, pode ter vários efeitos nos micróbios dessas comunidades:

3. **Diversidade e composição das espécies:**

Sucessão primária: Na sucessão primária, a colonização inicial por espécies pioneiras conduz gradualmente a um aumento da diversidade microbiana e da composição de espécies à medida que o ambiente se torna mais hospitaleiro. Este processo permite o estabelecimento de uma comunidade microbiana complexa com uma vasta gama de capacidades metabólicas.

Sucessão secundária: Após uma perturbação na sucessão secundária, pode verificar-se uma redução temporária da diversidade microbiana à medida que a comunidade se reconstitui. No entanto, com o tempo, o restabelecimento de condições favoráveis e as interações entre micróbios contribuem para um aumento da diversidade e uma mudança na composição das espécies.

4. **Papéis funcionais e actividades metabólicas:**

Sucessão primária: As espécies pioneiras na sucessão primária possuem frequentemente capacidades metabólicas especializadas, tais como a capacidade de metabolizar minerais ou fixar azoto. Estes primeiros colonizadores desempenham papéis cruciais na formação do solo, no ciclo de nutrientes e no desenvolvimento do ecossistema.

Sucessão secundária: O processo de sucessão em ambientes secundários pode levar a alterações nos papéis funcionais dos micróbios. Por exemplo, o predomínio de espécies oportunistas de crescimento rápido durante as fases iniciais pode dar lugar a espécies de crescimento mais lento, mas mais especializadas, com actividades metabólicas distintas.

5. **Utilização de recursos e concorrência:**

Sucessão primária: À medida que o ambiente evolui durante a sucessão primária, as espécies microbianas competem por recursos como nutrientes, luz e espaço. Esta competição pode conduzem à seleção de espécies com estratégias eficientes de utilização dos recursos, influenciando a estrutura da comunidade.

Sucessão secundária: À semelhança da sucessão primária, a competição por recursos é uma força motriz da sucessão secundária. A disponibilidade de recursos após a perturbação pode favorecer certos taxa microbianos, levando a mudanças na composição da comunidade e ao aparecimento de espécies dominantes.

6. **Resiliência e Adaptação:**

Sucessão primária: Os micróbios envolvidos na sucessão primária estão frequentemente adaptados a condições ambientais adversas e desempenham um papel crucial no desenvolvimento dos ecossistemas. A sua capacidade de colonizar substratos estéreis e iniciar a formação do solo contribui para a resiliência dos ecossistemas ao longo do tempo.

Sucessão secundária: A resiliência das comunidades microbianas durante a sucessão secundária depende de factores como a gravidade da perturbação, a disponibilidade de propágulos de fontes próximas e a capacidade dos micróbios sobreviventes para se adaptarem a condições variáveis.

7. **Funcionamento do ecossistema:**

Sucessão primária: A sucessão microbiana em ambientes primários contribui para o funcionamento dos ecossistemas, facilitando o ciclo de nutrientes, a formação do solo e o estabelecimento de comunidades vegetais. Estes processos são fundamentais para o desenvolvimento de ecossistemas estáveis.

Sucessão secundária: O restabelecimento das comunidades microbianas através da sucessão secundária é fundamental para a recuperação do ecossistema e o restabelecimento das funções do ecossistema, como a decomposição, o ciclo de nutrientes e a fertilidade do solo.

Compreender como os processos de sucessão afectam os micróbios é essencial para os esforços de gestão, conservação e recuperação dos ecossistemas. Permite aos cientistas prever a resiliência dos ecossistemas às perturbações, avaliar a saúde dos ecossistemas e desenvolver estratégias para uma gestão ambiental sustentável.

4.3. Resiliência e estabilidade das comunidades microbianas

A resiliência e a estabilidade das comunidades microbianas referem-se à sua capacidade de resistir a perturbações, adaptar-se a mudanças e manter a integridade funcional ao longo do tempo. Seguem-se alguns factores e conceitos-chave relacionados com a resiliência e a estabilidade das comunidades microbianas:

1. **Diversidade e redundância**:

Uma elevada diversidade microbiana aumenta frequentemente a resiliência e a estabilidade, proporcionando redundância em termos de caraterísticas funcionais. Se uma espécie for afetada por uma perturbação, outras com funções semelhantes podem compensar, mantendo os processos do ecossistema.

A redundância nas comunidades microbianas assegura que as funções essenciais, como o ciclo de nutrientes ou a decomposição, se mantenham mesmo face a alterações ambientais ou à perda de espécies.

2. **Redundância funcional e complementaridade:**

A redundância funcional ocorre quando várias espécies microbianas desempenham funções semelhantes. Esta redundância protege contra as perturbações causadas pela perda de espécies individuais.

A complementaridade funcional refere-se ao facto de diferentes espécies microbianas contribuírem com funções únicas que, em conjunto, aumentam a resiliência do ecossistema. As interações complementares podem conduzir a uma utilização mais eficiente dos recursos e à estabilidade do ecossistema.

3. **Adaptação e plasticidade:**

Os micróbios apresentam caraterísticas adaptativas e plasticidade, o que lhes permite responder a condições ambientais variáveis. Esta adaptabilidade é crucial para manter a estabilidade da comunidade em ecossistemas dinâmicos.

A rápida adaptação através de alterações genéticas, transferência horizontal de genes e plasticidade fenotípica permite que as comunidades microbianas se desenvolvam em diversos habitats e resistam a factores de stress ambiental.

4. Mecanismos de resiliência:

As comunidades microbianas utilizam vários mecanismos de resiliência para recuperar de perturbações. Estes incluem a dispersão de propágulos microbianos a partir de fontes próximas, o crescimento rápido de espécies oportunistas e a ativação de vias de resposta ao stress.

A resiliência pode também ser reforçada através da formação de consórcios ou redes microbianas, em que as espécies interagem de forma sinérgica para resistir a perturbações e manter as funções do ecossistema.

5. Regimes de perturbação:

A frequência, intensidade e tipo de perturbações influenciam a resiliência das comunidades microbianas. As perturbações moderadas podem promover a diversidade e as respostas adaptativas, enquanto as perturbações graves ou contínuas podem afetar a estabilidade da comunidade.

Os regimes de perturbação que permitem a recuperação e a adaptação, como os incêndios periódicos em ecossistemas adaptados ao fogo, podem promover comunidades microbianas resilientes.

6. Reacções dos ecossistemas:

As comunidades microbianas interagem frequentemente com o seu ambiente, influenciando os processos do ecossistema e os ciclos de retroação. As retroacções positivas, em que as actividades microbianas melhoram as funções do ecossistema, podem contribuir para a estabilidade.

As reacções negativas, como a limitação dos nutrientes microbianos ou a produção de toxinas, podem regular a dimensão das populações e impedir o crescimento descontrolado ou a desestabilização das comunidades.

Compreender a resiliência e a estabilidade das comunidades microbianas é essencial para a gestão dos ecossistemas, a biologia da conservação e a previsão das respostas dos ecossistemas às alterações ambientais. Implica o estudo das interações microbianas, dos padrões de diversidade, da redundância funcional, das capacidades de adaptação e do papel das perturbações na dinâmica das comunidades.

Chapter 5: Metabolismo microbiano e ciclo de nutrientes

5.1. Metabolismo microbiano

Claro, vamos aprofundar o metabolismo microbiano e cobrir as fontes de energia, a utilização de carbono e a aquisição de nutrientes.

Fontes de energia:

Os micróbios utilizam várias estratégias para obter energia para os processos celulares. Apresentamos de seguida as principais fontes de energia para o metabolismo microbiano:

1. **Quimiotrofia**:

Quimiolitotrofia: Alguns micróbios obtêm energia através da oxidação de compostos inorgânicos como o hidrogénio, o enxofre, o ferro ou o amoníaco. Este processo envolve reacções de transferência de electrões que geram energia para a produção de ATP.

Quimioorganotrofia: Muitos micróbios utilizam compostos orgânicos (por exemplo, açúcares, aminoácidos, ácidos gordos) como fontes de energia através de reacções de oxidação. Eles decompõem moléculas orgânicas complexas em compostos mais simples, libertando energia no processo.

2. **Fototrofia:**

Fotolitotrofia: Certos micróbios utilizam a energia da luz para conduzir reacções de transferência de electrões com compostos inorgânicos (por exemplo, sulfureto de hidrogénio, iões ferrosos). Isto ocorre em bactérias fotossintéticas como as bactérias de enxofre púrpura.

Fotoorganotrofia: Os organismos fotossintéticos, incluindo as plantas e as cianobactérias, aproveitam a energia da luz para converter compostos orgânicos em energia através da fotossíntese. Utilizam a luz para sintetizar ATP e reduzir o dióxido de carbono a moléculas orgânicas.

Utilização de carbono:

Os micróbios necessitam de carbono para construir estruturas celulares e sintetizar biomoléculas. Utilizam várias fontes de carbono com base nas suas estratégias metabólicas:

3. **Autotrofia:**

Fixação de carbono: Os micróbios autotróficos, como as cianobactérias e algumas arqueas, podem fixar o dióxido de carbono (CO_2) em moléculas orgânicas utilizando a energia da luz solar (fotossíntese) ou reacções químicas (quimiolitoautotrofia).

Ciclo de Calvin: Muitos autótrofos utilizam o ciclo de Calvin, uma série de reacções enzimáticas, para converter CO_2 em hidratos de carbono como a glucose, que servem de fonte de carbono para os processos celulares.

4. **Heterotrofia:**

Utilização de carbono orgânico: Os micróbios heterotróficos obtêm carbono a partir de compostos orgânicos como açúcares, aminoácidos, lípidos e ácidos orgânicos presentes no seu ambiente. Estes compostos são decompostos através de vias catabólicas para extrair energia e carbono para o crescimento e o metabolismo.

Glicólise e ciclo de Krebs: Os heterótrofos utilizam frequentemente vias como a glicólise e o ciclo de Krebs para metabolizar fontes de carbono orgânico, produzindo ATP e moléculas precursoras para a biossíntese.

Aquisição de nutrientes:

Os micróbios adquirem nutrientes essenciais, incluindo azoto, fósforo, enxofre e oligoelementos, para processos celulares e crescimento. As principais estratégias para a aquisição de nutrientes incluem:

5. Aquisição de nitrogénio:

Fixação do azoto: Certas bactérias, como os rizóbios e as cianobactérias, podem converter o azoto atmosférico (N2) em amoníaco (NH3) através de enzimas de fixação do azoto. Este amoníaco é depois assimilado em moléculas orgânicas por outros organismos.

Assimilação de nitrato e amónio: Os micróbios podem também assimilar o azoto a partir de iões de nitrato (NO3-) ou de amónio (NH4+) presentes no ambiente, incorporando-os em aminoácidos e nucleótidos.

6. Aquisição de fósforo e enxofre:

Os micróbios adquirem o fósforo sob a forma de iões fosfato (PO4^3-) a partir de matéria orgânica ou de fontes minerais. O fósforo é essencial para a síntese de ácidos nucleicos e ATP.

O enxofre é obtido pelos micróbios sob a forma de iões de sulfato (SO4-2-) a partir de minerais ou de compostos orgânicos. O enxofre é crucial para a síntese de aminoácidos e para as reacções redox celulares.

7. Aquisição de elementos vestigiais:

Os micróbios necessitam de oligoelementos como o ferro, o magnésio, o zinco e o cobre como cofactores para enzimas e transportadores de electrões. Adquirem estes elementos do ambiente através de sistemas de absorção e proteínas de transporte.

Em resumo, o metabolismo microbiano engloba diversas fontes de energia, estratégias de utilização do carbono e mecanismos de aquisição de nutrientes que permitem que os micróbios se desenvolvam em vários ambientes e desempenhem papéis ecológicos essenciais.

5.2. Contribuições microbianas para os ciclos biogeoquímicos

As contribuições microbianas para os ciclos biogeoquímicos são fundamentais para o ecossistema da Terra. Os microrganismos, incluindo bactérias, archaea, fungos e protistas, desempenham papéis críticos no ciclo de elementos-chave como o carbono, o azoto, o enxofre e o fósforo. Aqui está uma visão geral das suas contribuições para cada ciclo:

Ciclo do carbono

Os microrganismos estão envolvidos nos processos de fixação e decomposição do carbono:

1. **Fotossíntese e fixação de carbono**: As cianobactérias e as algas, através da fotossíntese, convertem o dióxido de carbono (CO_2) em matéria orgânica, formando a base da teia alimentar em muitos ecossistemas.
2. **Decomposição**: As bactérias e fungos saprotróficos decompõem a matéria orgânica morta, libertando CO2 de volta para a atmosfera através da respiração.
3. **Metanogénese e metanotrofia**: Em ambientes anaeróbios, as archaea conhecidas como metanogénicas produzem metano (CH_4) como subproduto metabólico. As bactérias metanotróficas podem oxidar o metano, convertendo-o novamente em CO2, actuando assim como um controlo crucial das emissões de metano.

Ciclo do azoto

Os micróbios são fundamentais para todos os processos-chave do ciclo do azoto:

Fixação do azoto: Certas bactérias e arqueias (por exemplo, Rhizobium, Azotobacter) convertem o azoto atmosférico ($N2$) em amoníaco (NH_3), uma forma acessível às plantas.

Nitrificação: As bactérias e arqueias oxidantes de amoníaco (por exemplo, Nitrosomonas) convertem o amoníaco em nitrito ($NO2^-$), e as bactérias oxidantes de nitrito (por exemplo, Nitrobacter) convertem o nitrito em nitrato ($NO3^-$).

Desnitrificação: As bactérias desnitrificantes (por exemplo, Pseudomonas, Clostridium) convertem o nitrato novamente em azoto gasoso (N_2), libertando-o na atmosfera e completando o ciclo.

Amonificação: Os microrganismos decompositores decompõem os compostos orgânicos de azoto dos organismos mortos e dos resíduos, convertendo-os em amoníaco.

Ciclo do enxofre

Os microrganismos são responsáveis por várias transformações de compostos de enxofre:

Redução de Sulfato: As bactérias redutoras de sulfato (por exemplo, Desulfovibrio) convertem o sulfato (SO_4^{2-}) em sulfureto de hidrogénio ($H2S$) em condições anaeróbias.

Oxidação de Sulfureto: As bactérias oxidantes de enxofre (por exemplo, Thiobacillus) oxidam o sulfureto de hidrogénio de volta a sulfato ou, por vezes, a enxofre elementar (S^0) em condições aeróbias.

Mineralização do enxofre: As bactérias decompositoras quebram os compostos orgânicos de enxofre, libertando sulfato inorgânico para o ambiente.

Ciclo do fósforo

O ciclo do fósforo não tem uma fase gasosa e é predominantemente efectuado através da litosfera, hidrosfera e biosfera:

Solubilização de fósforo: As bactérias solubilizadoras de fosfato (por exemplo, Pseudomonas, Bacillus) convertem compostos de fosfato insolúveis em formas solúveis que as plantas podem absorver.

Mineralização: Os microrganismos decompositores decompõem o fósforo orgânico em organismos mortos e resíduos, convertendo-o em formas inorgânicas.

Imobilização do fósforo: Os microrganismos também podem converter o fosfato solúvel em formas orgânicas, tornando-o temporariamente indisponível para as plantas até que seja mineralizado novamente.

Conclusão

Os microrganismos são indispensáveis para os ciclos biogeoquímicos, conduzindo processos que reciclam elementos essenciais, mantêm a produtividade dos ecossistemas e influenciam o clima global. As suas actividades sustentam o equilíbrio da disponibilidade de nutrientes, contribuem para a fertilidade do solo e regulam as concentrações de gases atmosféricos, sublinhando a intrincada interdependência entre a vida microbiana e os processos biogeoquímicos da Terra.

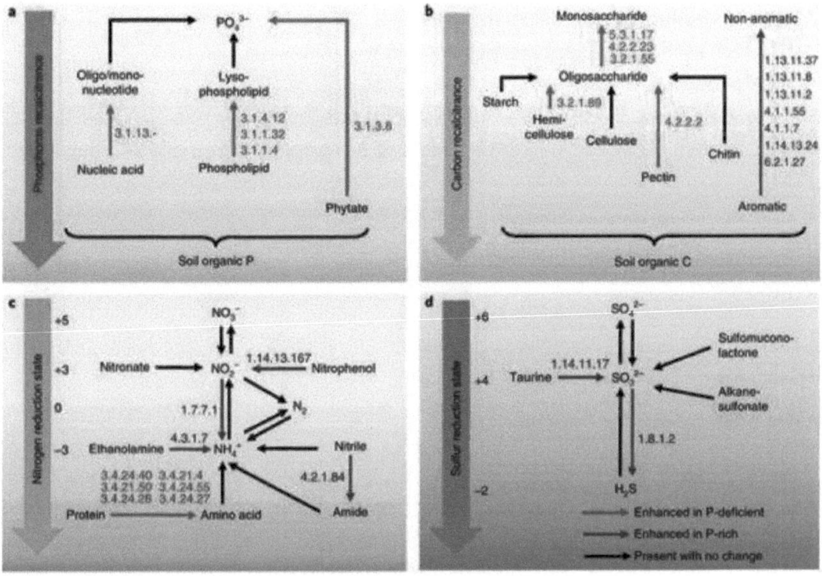

Figura 2. Contribuições microbianas para os ciclos biogeoquímicos (carbono, azoto, enxofre, fósforo)

5.3. Papéis microbianos na reciclagem de nutrientes

Os microrganismos desempenham um papel essencial na transformação, decomposição e reciclagem de nutrientes nos ecossistemas. Eis um resumo dos seus contributos:

Transformação de nutrientes

1. **Ciclo do carbono**:

Fotossíntese: As cianobactérias e as algas captam o dióxido de carbono (CO_2) da atmosfera e convertem-no em matéria orgânica através da fotossíntese.

Metanogénese: As arqueias metanogénicas produzem metano (CH_4) a partir de compostos orgânicos em condições anaeróbias.

Metanotrofia: As bactérias metanotróficas oxidam o metano de volta ao CO2, regulando os níveis de metano na atmosfera.

2. **Ciclo do azoto**:

Fixação do azoto: As bactérias fixadoras de azoto (por exemplo, Rhizobium, Azotobacter) convertem o azoto atmosférico (N2) em amoníaco (NH_3), tornando o azoto disponível para as plantas.

Nitrificação: As bactérias oxidantes de amoníaco (por exemplo, Nitrosomonas) convertem NH3 em nitrito ($NO2^-$) e as bactérias oxidantes de nitrito (por exemplo, Nitrobacter) convertem $NO2^-$ em nitrato ($NO3^-$).

Desnitrificação: As bactérias desnitrificantes (por exemplo, Pseudomonas, Clostridium) convertem o nitrato ($NO3^-$) novamente em gás N2, completando o ciclo do azoto.

3. **Ciclo do enxofre**:

Redução de Sulfato: As bactérias redutoras de sulfato (por exemplo, Desulfovibrio) convertem o sulfato ($SO4^{2-}$) em sulfureto de hidrogénio (H2S) em condições anaeróbias.

Oxidação de Sulfureto: As bactérias oxidantes de enxofre (por exemplo, Thiobacillus) convertem H2S em sulfato ou enxofre elementar (S^0).

4. **Ciclo do fósforo**:

Solubilização de fosfato: As bactérias solubilizadoras de fosfato (por exemplo, Pseudomonas, Bacillus) convertem compostos de fosfato insolúveis em formas solúveis que as plantas podem absorver.

Mineralização: Os microrganismos decompositores decompõem o fósforo orgânico em fosfato inorgânico, tornando-o disponível para a absorção pelas plantas.

Decomposição

Os microrganismos, em particular as bactérias e os fungos, são os principais decompositores nos ecossistemas. Eles decompõem a matéria orgânica morta, libertando nutrientes de volta para o solo e para a atmosfera.

Decomposição de carbono: As bactérias e os fungos saprotróficos decompõem moléculas orgânicas complexas (por exemplo, celulose, lenhina) em compostos mais simples, libertando CO_2 através da respiração.

Decomposição do azoto: Os microrganismos degradam as proteínas e os ácidos nucleicos dos organismos mortos, libertando amoníaco (NH_3) num processo designado por amonificação.

Decomposição de enxofre: Os decompositores decompõem os aminoácidos que contêm enxofre, libertando sulfureto de hidrogénio (H_2S) ou sulfato (SO_4^{2-}).

Decomposição de fósforo: Os decompositores microbianos libertam fosfato inorgânico a partir de compostos orgânicos de fósforo presentes em organismos e resíduos mortos.

Reciclagem de nutrientes

Os microrganismos asseguram a disponibilidade contínua de nutrientes essenciais através de processos de reciclagem.

Reciclagem de carbono: Os decompositores convertem a matéria orgânica morta em CO2, que é depois reutilizado pelos organismos fotossintéticos.

Reciclagem do azoto: O azoto é reciclado através de processos como a amonificação, a nitrificação e a desnitrificação, mantendo o equilíbrio dos compostos azotados no solo.

Reciclagem de enxofre: Os compostos de enxofre são reciclados entre formas oxidadas e reduzidas, assegurando a sua disponibilidade para utilização microbiana e vegetal.

Reciclagem de fósforo: O fósforo é libertado dos compostos orgânicos pelos decompositores e convertido em formas que as plantas podem assimilar, mantendo a fertilidade do solo.

Representação visual

Para ilustrar estas funções, podem ser úteis diagramas que mostrem os processos microbianos em cada ciclo biogeoquímico. Segue-se uma breve descrição do que estes diagramas podem incluir:

Diagrama do ciclo do carbono: Destacar a fotossíntese, a decomposição, a metanogénese e a metanotrofia.

Diagrama do ciclo do azoto: Incluir a fixação do azoto, a nitrificação, a desnitrificação e a amonificação.

Diagrama do Ciclo do Enxofre: Mostrar a redução do sulfato, a oxidação do sulfeto e a decomposição de compostos contendo enxofre.

Diagrama do ciclo do fósforo: Ilustrar a solubilização, mineralização e decomposição do fosfato.

Estes diagramas ajudarão a visualizar as interações complexas e os papéis críticos que os microrganismos desempenham na transformação, decomposição e reciclagem de nutrientes, mantendo a saúde e a produtividade dos ecossistemas.

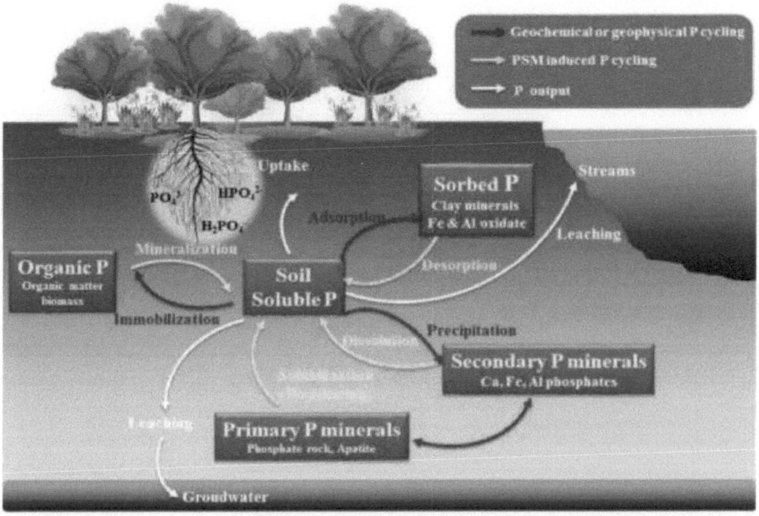

Figura 3: Reciclagem do fósforo

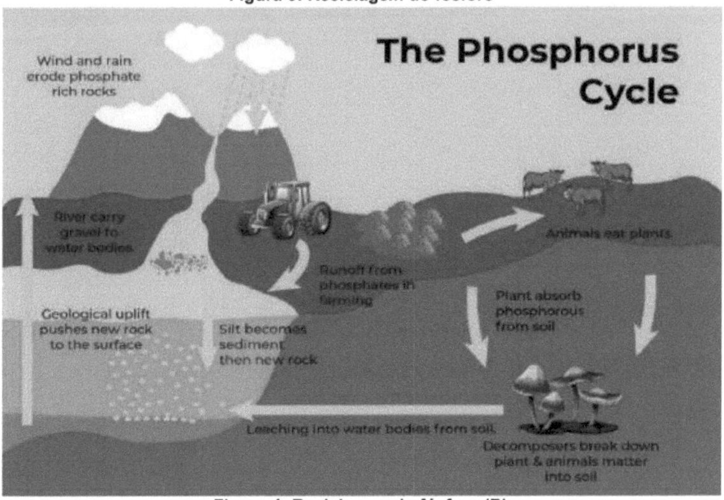

Figura 4: Reciclagem do fósforo (B)

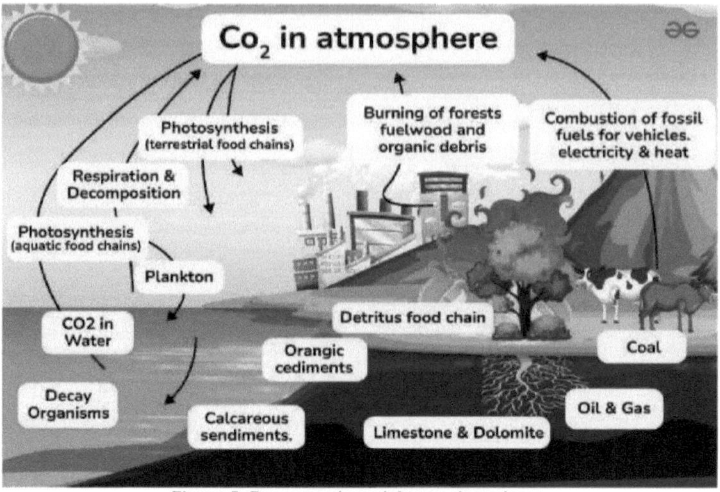

Figura 5: Processo de reciclagem de carbono

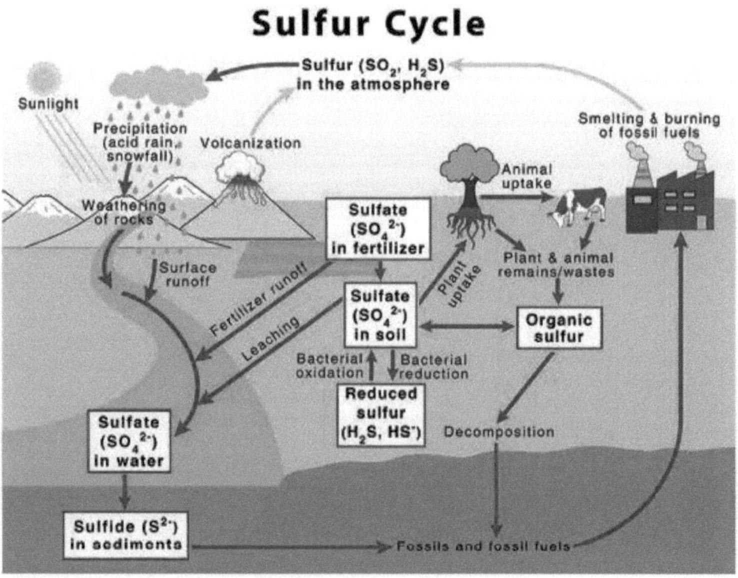

Figura 6: Processo de reciclagem do enxofre

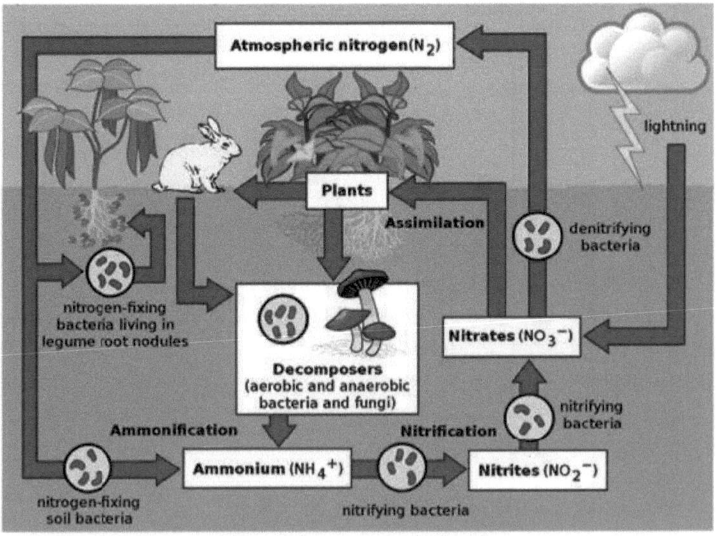

Figura 7: Processo de nitrificação

Chapter 6: Adaptações microbianas aos extremos ambientais

6.1. Introdução aos ambientes extremos

Os ambientes extremos são definidos pelas suas condições físicas e químicas, que se desviam significativamente da norma e representam desafios para a maioria das formas de vida. Estes ambientes incluem extremos de temperatura, como as altas temperaturas encontradas nas fontes hidrotermais e nas nascentes de água quente, e as baixas temperaturas das regiões polares e dos ambientes de profundidade. Os extremos de pH são também comuns, sendo alguns ambientes altamente ácidos, como os locais de drenagem ácida de minas, enquanto outros são altamente alcalinos, como os lagos de soda. As condições de elevada salinidade são observadas em locais como as salinas e os solos salinos, enquanto os extremos de pressão são caraterísticos das trincheiras marinhas profundas. Os extremos de radiação, como os encontrados em locais de resíduos radioactivos, também colocam desafios únicos.

Compreender e estudar estes ambientes extremos é crucial devido à sua importância ecológica, evolutiva e biotecnológica. Ecologicamente, os extremófilos - organismos que se desenvolvem nestas condições adversas - desempenham papéis vitais nos ciclos biogeoquímicos e contribuem para a produção primária nos seus ecossistemas. Numa perspetiva evolutiva, o estudo dos extremófilos permite compreender como a vida se pode adaptar a condições extremas, oferecendo pistas sobre os limites da vida na Terra e, potencialmente, noutros planetas. Do ponto de vista biotecnológico, os extremófilos são inestimáveis como fontes de enzimas industriais e biocatalisadores, ferramentas para a bioremediação de ambientes poluídos e mesmo como fontes de novos antibióticos.

As metodologias de investigação para estudar os extremófilos incluem estudos de campo para amostragem in situ, técnicas de cultivo em laboratório para cultivar e manter os extremófilos em condições controladas e abordagens moleculares e genómicas avançadas, como a

metagenómica e a análise do ADN ambiental (eDNA). Estes métodos são complementados pela bioinformática
ferramentas para analisar grandes conjuntos de dados, ajudando na caraterização filogenética e funcional de comunidades microbianas em ambientes extremos.

No entanto, a investigação em ambientes extremos apresenta desafios significativos. A acessibilidade e as questões logísticas dificultam a recolha de amostras, e a manutenção das condições específicas exigidas para os extremófilos em laboratório é muitas vezes problemática. Além disso, devem ser tidas em conta considerações éticas e ambientais para minimizar o impacto da atividade humana nestes ambientes intocados, equilibrando a necessidade de investigação com os esforços de conservação.

Definição e tipos de ambientes extremos

Os ambientes extremos são caracterizados pelas suas condições físicas e químicas adversas, que representam desafios significativos para a maioria das formas de vida. Estes ambientes podem ser classificados com base nos tipos específicos de extremos que exibem, cada um dos quais requer adaptações únicas dos organismos que os habitam.

Extremos de temperatura (térmica):

- **Ambientes de alta temperatura**: Estes incluem fontes hidrotermais e fontes termais onde as temperaturas podem exceder os 100°C. Os organismos que vivem nestas condições são conhecidos como termófilos e adaptaram-se para manter a estabilidade e o funcionamento das proteínas a altas temperaturas.
- **Ambientes de baixa temperatura**: Encontradas nas regiões polares e em ambientes marinhos profundos, estas áreas são caracterizadas por temperaturas frequentemente inferiores a 0°C. Os psicrófilos, os micróbios que aqui se desenvolvem, possuem enzimas que funcionam otimamente a baixas temperaturas e mecanismos para evitar a formação de cristais de gelo nas suas células.

Extremos de pH:

- **Ambientes ácidos**: Locais como sítios de drenagem ácida de minas e fontes termais ácidas podem ter valores de pH inferiores a 3. Os acidófilos desenvolvem-se nestes locais, utilizando bombas de protões especializadas e enzimas estáveis ao ácido para manter o seu pH interno.
- **Ambientes alcalinos**: Os lagos de soda e os solos alcalinos, com valores de pH superiores a 9, são o habitat dos alcalifílicos. Estes organismos têm adaptações que incluem bombas de iões de sódio e enzimas que permanecem estáveis e funcionais em condições de pH elevado.

Extremos de salinidade (Halina):

- **Ambientes de alta salinidade**: Ambientes como as salinas, os solos salinos e as minas de sal apresentam concentrações de sal extremamente elevadas. Os halófilos, habitantes dessas áreas, acumulam solutos compatíveis ou empregam estratégias de salinização para equilibrar a pressão osmótica e manter a função celular.

Extremos de pressão (Barófilas):

- **Ambientes de alta pressão**: altas pressões que podem exceder 1000 atmosferas caracterizam as trincheiras do mar profundo e a subsuperfície profunda. Os barófilos, também conhecidos como piezófilos, possuem proteínas e membranas estáveis à pressão que mantêm a fluidez em tais condições.

Extremos de radiação:

- **Ambientes com elevada radiação**: Estes incluem locais de resíduos radioactivos e locais de grande altitude com níveis elevados de radiação ultravioleta. Os micróbios radiotolerantes possuem mecanismos eficientes de reparação do ADN e antioxidantes para proteção contra os danos induzidos pela radiação.

Estes ambientes extremos, apesar de severos, albergam uma variedade de microrganismos que desenvolveram adaptações especializadas para sobreviverem e prosperarem em tais condições. O estudo destes extremófilos não só melhora a nossa compreensão da resistência da vida, como também oferece potenciais aplicações na biotecnologia e noutros domínios.

Caraterísticas dos ambientes extremos

Propriedades físicas e químicas

Os ambientes extremos são definidos pelas suas propriedades físicas e químicas extremas que se desviam significativamente das condições mais temperadas. Estas propriedades criam desafios únicos para a vida, exigindo adaptações especializadas dos organismos que os habitam.

1. **Extremos de temperatura**

   - **Temperaturas elevadas**: Ambientes com temperaturas frequentemente superiores a 100°C, como as fontes hidrotermais e as nascentes de água quente.
   - **Temperaturas baixas**: Áreas onde as temperaturas podem descer abaixo de 0°C, como as regiões polares e os ambientes de profundidade.

2. **Extremos de pH**

   - **Condições ácidas**: Ambientes com valores de pH inferiores a 3, incluindo locais de drenagem ácida de minas e fontes termais ácidas.
   - **Condições alcalinas**: Áreas com valores de pH superiores a 9, como lagos de soda e solos alcalinos.

3. **Extremos de salinidade**

   - **Alta salinidade**: Ambientes com concentrações extremamente elevadas de sal, como salinas, solos salinos e minas de sal.

4. **Extremos de pressão**

   - **Alta pressão**: Condições encontradas nas trincheiras do mar profundo e na subsuperfície profunda, onde as pressões podem exceder 1000 atmosferas.

5. **Extremos de radiação**

   - **Radiação elevada**: Ambientes expostos a níveis elevados de radiação, tais como locais de resíduos radioactivos e locais de grande altitude.

Exemplos de ambientes naturais extremos

1. **Aberturas hidrotermais**

   - Localizados no fundo do oceano, estes respiradouros emitem água quente e rica em minerais, criando ambientes de alta temperatura, muitas vezes superiores a 100°C. A água é também rica em substâncias químicas como o sulfureto de hidrogénio, fornecendo fontes de energia para os organismos quimiossintéticos.

2. **Fontes termais**

o Encontradas em terra, estas nascentes libertam água aquecida geotermicamente, excedendo por vezes os 100°C. Têm frequentemente composições químicas únicas, incluindo níveis elevados de enxofre e vários minerais.

3. **Regiões polares**

o Caracterizadas por temperaturas extremamente baixas, estas regiões incluem o Ártico e o Antártico. Os organismos aqui têm de suportar períodos prolongados de frio, cobertura de gelo e baixa disponibilidade de nutrientes.

4. **Lagos de Soda**

o Estes lagos altamente alcalinos têm valores de pH superiores a 9 e são frequentemente ricos em iões de carbonato e bicarbonato. Exemplos incluem o Lago Mono na Califórnia e o Lago Magadi no Quénia.

5. **Planícies salgadas**

o Estas áreas têm elevadas concentrações de sal devido à evaporação da água, deixando para trás depósitos de sal. O Salar de Uyuni, na Bolívia, é uma das maiores salinas do mundo.

6. **Trincheiras de mar profundo**

o Encontradas nas zonas mais profundas do oceano, estas trincheiras sofrem pressões elevadas que podem ultrapassar as 1000 atmosferas. A Fossa das Marianas é o ponto mais profundo conhecido nos oceanos do mundo.

7. **Locais radioactivos**

o Locais com elevados níveis de radiação, tais como áreas em redor de acidentes nucleares (por exemplo, Chernobyl) ou de minerais radioactivos naturais. Os organismos nestas áreas desenvolveram mecanismos para reparar os danos no ADN induzidos pela radiação.

Estes ambientes, com as suas propriedades físicas e químicas extremas, albergam uma variedade de extremófilos que se adaptaram para se desenvolverem em condições tão adversas. O estudo destes ambientes e dos seus habitantes microbianos ajuda os cientistas a compreender os limites da vida e o potencial de vida em condições extremas semelhantes noutras partes do Universo.

6.2. Importância do estudo dos extremófilos

Importância ecológica

Os extremófilos desempenham papéis cruciais em vários ciclos biogeoquímicos, incluindo os ciclos do carbono, do azoto, do enxofre e do fósforo. Contribuem significativamente para a produção primária em ecossistemas extremos, actuando frequentemente como produtores primários através da quimiossíntese ou da fotossíntese em ambientes onde as formas de vida mais típicas não conseguem sobreviver. Por exemplo, nos ecossistemas de fontes hidrotermais, as bactérias quimiossintéticas formam a base da teia alimentar, suportando uma gama diversificada de organismos.

Perspectivas evolutivas

O estudo dos extremófilos fornece informações valiosas sobre as adaptações que permitem que a vida prospere em condições extremas. Estas adaptações incluem proteínas e enzimas únicas, estruturas de membrana especializadas e mecanismos eficientes de reparação do ADN. Além disso, os extremófilos oferecem pistas sobre as vias evolutivas e a diversidade filogenética, ajudando os cientistas a compreender como a vida se pode adaptar e evoluir em ambientes extremos. Esta investigação pode lançar luz sobre as origens da vida na Terra e sobre o potencial de vida noutros planetas com condições extremas.

Aplicações biotecnológicas

Os extremófilos são uma fonte rica de enzimas industriais e biocatalisadores que são estáveis e funcionais em condições extremas, tais como temperaturas elevadas, pH extremo e salinidade elevada. Estas enzimas têm aplicações em vários sectores, incluindo o processamento de alimentos, produtos farmacêuticos e produção de biocombustíveis. Além disso, os extremófilos são utilizados na bioremediação para limpar ambientes poluídos, como derrames de petróleo e sítios contaminados com metais pesados. Nos domínios médico e farmacêutico, os extremófilos fornecem novos antibióticos e outros compostos bioactivos que podem conduzir a novos tratamentos de doenças.

Metodologias para o estudo de extremófilos

Estudos de campo

As técnicas de amostragem em ambientes extremos são adaptadas às condições específicas de cada ambiente. Por exemplo, a amostragem de comunidades de fontes hidrotermais requer submersíveis ou veículos operados remotamente (ROV) para recolher amostras de fontes de águas profundas, enquanto a amostragem em regiões polares pode envolver técnicas de perfuração e preservação no gelo para manter a integridade dos micróbios adaptados ao frio.

Cultivo em laboratório

A cultura de extremófilos em laboratório apresenta desafios únicos, uma vez que requer a reprodução das condições extremas dos seus habitats naturais. Isso inclui a manutenção de altas temperaturas para termófilos, alta pressão para barófilos ou níveis extremos de pH para acidófilos e alcalifilos. São frequentemente necessários equipamentos e meios especializados para apoiar o crescimento e o estudo destes organismos.

Abordagens moleculares e genómicas

As técnicas moleculares modernas, como a metagenómica e a análise do ADN ambiental (eDNA), permitem aos cientistas estudar os extremófilos sem necessidade de cultivo. As tecnologias ómicas, incluindo a genómica, a proteómica e a metabolómica, fornecem uma visão abrangente da diversidade genética e funcional das comunidades microbianas em ambientes extremos. As ferramentas de bioinformática são essenciais para analisar grandes conjuntos de dados, permitindo a caraterização filogenética e funcional destas comunidades.

Desafios da investigação em ambientes extremos

Acessibilidade e logística

Um dos principais desafios no estudo de ambientes extremos é a dificuldade de acesso e recolha de amostras nestes locais remotos e muitas vezes inóspitos. É necessário equipamento especializado e logística para chegar às fontes de águas profundas, calotas polares e outros habitats extremos, o que torna a investigação dispendiosa e tecnicamente difícil.

Cultivo e manutenção

Manter as condições necessárias para os extremófilos no laboratório pode ser um desafio e exigir muitos recursos. Replicar as altas pressões, temperaturas extremas ou condições químicas específicas dos seus ambientes naturais requer equipamento e conhecimentos especializados, tornando difícil o crescimento e o estudo destes organismos fora dos seus habitats nativos.

Considerações éticas e ambientais

A investigação em ambientes extremos tem de equilibrar a necessidade de descoberta científica com o potencial impacto da atividade humana nestes ecossistemas imaculados. É essencial minimizar a perturbação destes ambientes e assegurar práticas de investigação sustentáveis. As considerações éticas incluem também os potenciais riscos de biossegurança associados ao transporte e estudo de extremófilos com capacidades metabólicas únicas.

PARTE III
Ecologia microbiana em diferentes ambientes

2. **Capítulo 7: Ecologia microbiana aquática**

2.1. Comunidades microbianas

Ecossistemas de água doce

Caraterísticas:

Os ecossistemas de água doce abrangem uma variedade de habitats, incluindo rios, lagos, ribeiros, lagoas e zonas húmidas. Estes ecossistemas são caracterizados por concentrações de sal mais baixas em comparação com os ambientes marinhos e estuarinos. São sistemas dinâmicos que suportam uma vasta gama de vida microbiana, contribuindo para a saúde e funcionalidade gerais destes ambientes aquáticos.

Diversidade microbiana:

3. **Bactérias:**

- Os ecossistemas de água doce albergam diversas comunidades bacterianas que desempenham um papel fundamental no ciclo de nutrientes. Géneros como *Pseudomonas*, *Aeromonas* e várias *cianobactérias* são actores-chave.
- **Pseudomonas**: envolvidas na decomposição de materiais orgânicos e na reciclagem de nutrientes.
- **Aeromonas**: Comum em ambientes aquáticos, participando na degradação da matéria orgânica.
- **Cianobactérias**: Também conhecidas como algas azuis-verdes, são importantes produtores primários, contribuindo para a produção de oxigénio e fixação de carbono através da fotossíntese.

4. **Archaea:**

- Embora menos abundantes que as bactérias, as archaea estão presentes em alguns habitats de água doce, particularmente nos sedimentos. Estão envolvidas em vários processos biogeoquímicos, incluindo a metanogénese e a oxidação do amoníaco.

5. **Algas:**

- Os ecossistemas de água doce são ricos em diferentes tipos de algas, que são cruciais para a produção primária.
- **Algas verdes (Chlorophyta)**: Comuns em água doce, contribuem para a produção primária.
- **Diatomáceas**: Algas à base de sílica que desempenham um papel vital no ciclo de nutrientes e na produção primária.
- **Cianobactérias**: Para além do seu papel bacteriano, actuam como produtores primários, especialmente em ambientes ricos em nutrientes.

6. **Fungos:**

- Os fungos aquáticos contribuem para a decomposição da matéria orgânica, decompondo o material vegetal e outros detritos orgânicos, reciclando assim os nutrientes de volta para o ecossistema.

7. **Protozoários:**

- Estes eucariotas unicelulares são importantes consumidores de bactérias e algas. Ajudam a manter o equilíbrio da comunidade microbiana, controlando as populações bacterianas e contribuindo para a reciclagem de nutrientes através das suas actividades alimentares.

Papéis nas funções do ecossistema

Ecossistemas de água doce

1. **Produção primária:**

o Nos ecossistemas de água doce, os microrganismos fotossintéticos, como as algas verdes, as diatomáceas e as cianobactérias, contribuem significativamente para a produção primária. Estes produtores primários formam a base da teia alimentar, convertendo a luz solar em matéria orgânica e apoiando os níveis tróficos superiores.

2. **Decomposição:**

o Bactérias, fungos e outros microrganismos desempenham um papel crucial na decomposição da matéria orgânica, como restos de plantas e organismos mortos. Este processo de decomposição recicla os nutrientes de volta ao ecossistema, tornando-os disponíveis para utilização por outros organismos.

3. **Ciclo Biogeoquímico:**

o As comunidades microbianas nos ecossistemas de água doce são parte integrante do ciclo de elementos essenciais como o carbono, o azoto, o fósforo e o enxofre. Por exemplo, as bactérias envolvidas nos processos de fixação de azoto, nitrificação e desnitrificação ajudam a manter o equilíbrio do azoto nos ambientes aquáticos.

Ecossistemas marinhos

1. **Produção primária:**

o O fitoplâncton marinho, incluindo as diatomáceas, os dinoflagelados e as cianobactérias, contribui para mais de metade da produção primária global. Convertem o dióxido de carbono e a luz solar em matéria orgânica, apoiando as cadeias alimentares marinhas e influenciando os ciclos globais do carbono.

2. **Decomposição:**

o As bactérias e archaea marinhas desempenham um papel essencial na decomposição da matéria orgânica, particularmente nos sedimentos oceânicos. Estes micróbios decompõem organismos mortos e detritos orgânicos, reciclando nutrientes e mantendo a saúde dos ecossistemas marinhos.

3. **Ciclo Biogeoquímico:**

o Os micróbios marinhos são cruciais no ciclo do carbono, azoto, enxofre e ferro. Estes processos afectam o clima global e a saúde dos oceanos, com os micróbios marinhos a influenciarem os níveis de dióxido de carbono atmosférico através do sequestro de carbono e do ciclo de nutrientes.

Ecossistemas estuarinos

1. **Produção primária:**

o O fitoplâncton e as microalgas bentónicas nos estuários contribuem para a produção primária, apoiando diversas cadeias alimentares estuarinas. Estes produtores primários adaptam-se às flutuações da salinidade e dos níveis de nutrientes, fornecendo uma fonte de energia estável para os níveis tróficos superiores.

2. **Decomposição:**

o Os micróbios estuarinos decompõem a matéria orgânica de origem fluvial e marinha. Este processo de decomposição recicla os nutrientes, contribuindo para manter o equilíbrio dos nutrientes e apoiar a produtividade dos ambientes estuarinos.

3. **Ciclo de nutrientes:**

- Os micróbios estuarinos estão envolvidos no ciclo do azoto, enxofre e fósforo, desempenhando um papel vital na manutenção da qualidade da água e da saúde do ecossistema. Por exemplo, as bactérias desnitrificantes nos sedimentos estuarinos ajudam a remover o excesso de azoto, evitando a eutrofização e mantendo o equilíbrio do ecossistema.

Ecossistemas estuarinos

Caraterísticas:

Os estuários são zonas de transição entre ambientes de água doce e marinhos, caracterizados por níveis variáveis de salinidade, marés e disponibilidade de nutrientes. Estes ambientes dinâmicos suportam diversas comunidades microbianas adaptadas a condições flutuantes.

Diversidade microbiana:

1. **Bactérias:**

- As bactérias estuarinas adaptam-se às flutuações da salinidade e dos níveis de nutrientes, com diversos grupos, incluindo *Vibrio*, *Pseudomonas* e *Desulfovibrio*. Estas bactérias desempenham um papel fundamental no ciclo de nutrientes e na decomposição da matéria orgânica.

2. **Archaea:**

- Presentes nos sedimentos estuarinos, as archaea estão particularmente envolvidas na produção de metano e no ciclo do enxofre. Grupos como as metanogénicas e as archaea redutoras de enxofre contribuem para os processos biogeoquímicos únicos dos ecossistemas estuarinos.

3. **Fitoplâncton:**

- O fitoplâncton estuarino, incluindo as diatomáceas, os dinoflagelados e as algas verdes, adapta-se a condições variáveis de salinidade e luz. Contribuem para a produção primária e constituem a base das cadeias alimentares estuarinas.

4. **Fungos:**

- Os fungos aquáticos nos estuários decompõem a matéria orgânica, especialmente nos sedimentos e nos resíduos vegetais, reciclando os nutrientes e apoiando as comunidades microbianas e vegetais.

5. **Protozoários:**

- Os protozoários consomem bactérias e fitoplâncton, mantendo a estrutura da comunidade microbiana e contribuindo para o ciclo de nutrientes através das suas actividades alimentares.

Papéis nas funções do ecossistema:

1. **Produção primária:**

O fitoplâncton e as microalgas bentónicas nos estuários contribuem para a produção primária, apoiando diversas cadeias alimentares e fornecendo energia aos níveis tróficos superiores.

2. **Decomposição:**

- Os micróbios estuarinos decompõem a matéria orgânica de origem fluvial e marinha, reciclando os nutrientes e mantendo a saúde e a produtividade dos ecossistemas estuarinos.

3. **Ciclo de nutrientes:**

- Os micróbios estuarinos desempenham papéis cruciais no ciclo do azoto, enxofre e fósforo, ajudando a manter a qualidade da água e o equilíbrio do ecossistema. Por exemplo, as bactérias desnitrificantes reduzem o excesso de azoto, evitando a proliferação de algas nocivas e a eutrofização.

Resumo comparativo

1. **Salinidade:**

- o Os ecossistemas de água doce têm baixa salinidade.
- o Os ambientes marinhos têm uma elevada salinidade.
- o Os ambientes estuarinos têm salinidade flutuante.

2. **Diversidade microbiana:**

o Cada ecossistema alberga comunidades microbianas únicas adaptadas às suas condições específicas. Os ambientes de água doce têm diversas populações de bactérias e algas. Os ambientes marinhos são ricos em diversas bactérias, archaea e vírus. Os ambientes estuarinos apresentam comunidades microbianas adaptadas a condições variáveis.

3. **Funções ecológicas:**

o Todos os três ecossistemas dependem de comunidades microbianas para a produção primária, decomposição e ciclo de nutrientes. No entanto, os taxa e processos microbianos específicos variam significativamente entre ecossistemas, reflectindo as suas condições ambientais e funções ecológicas únicas.

Compreender as comunidades microbianas nestes diversos ecossistemas aquáticos é crucial para gerir e conservar a qualidade da água, apoiar a biodiversidade e enfrentar desafios ambientais como a poluição e as alterações climáticas.

7.2. Micróbios planctónicos

Micróbios planctónicos

Definição e caraterísticas:

- Os micróbios planctónicos são microrganismos que flutuam livremente e que se encontram em ambientes aquáticos, incluindo bactérias, archaea, algas, protozoários e vírus.
- Habitam a coluna de água e estão sujeitos ao movimento passivo das correntes de água.

Tipos:

1. **Fitoplâncton:**

- o Microrganismos fotossintéticos como as diatomáceas, os dinoflagelados e as cianobactérias.
- o Produtores primários que formam a base da teia alimentar aquática.

2. **Zooplâncton:**

o Microrganismos heterotróficos, incluindo protozoários e pequenos metazoários, que se alimentam de fitoplâncton e de outras pequenas partículas.

3. **Bacterioplâncton:**

o Bactérias que desempenham papéis essenciais no ciclo de nutrientes, incluindo a decomposição de matéria orgânica e a reciclagem de nutrientes.

4. **Virioplâncton:**

o Vírus que infectam os microrganismos aquáticos, influenciando a dinâmica das populações microbianas e os ciclos de nutrientes.

Funções ecológicas:

- **Produção primária:** O fitoplâncton converte a luz solar em matéria orgânica, apoiando os níveis tróficos superiores.

- **Decomposição:** O bacterioplâncton decompõe a matéria orgânica, reciclando os nutrientes de volta para o ecossistema.
- **Ciclo de nutrientes:** Os micróbios planctónicos são parte integrante dos ciclos do carbono, do azoto, do fósforo e do enxofre.

Biofilmes

Definição e caraterísticas:

- Os biofilmes são comunidades estruturadas de microrganismos ligados a superfícies, embebidos numa matriz extracelular autoproduzida.
- Podem formar-se em várias superfícies em ambientes aquáticos, incluindo rochas, sedimentos, raízes de plantas e estruturas feitas pelo homem.

Processo de formação:

1. **Fixação inicial:** Os micróbios fixam-se a uma superfície utilizando apêndices como pili e flagelos.
2. **Formação de microcolónias:** As células aderentes proliferam e formam microcolónias.
3. **Maturação:** As microcolónias desenvolvem-se em estruturas complexas e tridimensionais com canais de água para o fluxo de nutrientes.
4. **Dispersão:** As células ou grupos de células destacam-se para colonizar novas superfícies.

Componentes:

. **Células microbianas:** Bactérias, archaea, fungos, algas e protozoários.

- **Substâncias poliméricas extracelulares (EPS):** Uma matriz de polissacáridos, proteínas e ácidos nucleicos que mantém o biofilme unido e protege as células.

Funções ecológicas:

- **Ciclo de nutrientes:** Os biofilmes desempenham um papel crucial no ciclo de nutrientes, particularmente nos sedimentos e nas raízes das plantas.
- **Proteção:** Os biofilmes protegem as comunidades microbianas de factores de stress ambiental, como a radiação UV, a dessecação e os antibióticos.
- **Habitat:** Proporcionar um habitat estável e um microambiente para diversas comunidades microbianas.

Interações microbianas em ambientes aquáticos

Tipos de interações:

1. **Mutualismo:**
   - Interação positiva em que ambos os parceiros beneficiam.
   - Exemplo: Cianobactérias e certos protozoários em que as cianobactérias fornecem carbono orgânico através da fotossíntese e os protozoários fornecem nutrientes.
2. **Comensalismo:**
   - Um organismo beneficia e o outro não é prejudicado nem ajudado.
   - Exemplo: Bactérias não patogénicas que colonizam a superfície das plantas aquáticas.
3. **Parasitismo:**
   - Um organismo beneficia à custa do outro.
   - Exemplo: Bactérias ou vírus patogénicos que infectam hospedeiros aquáticos.

4. **Concurso:**

o Os micróbios competem por recursos limitados, tais como nutrientes e espaço.

o Exemplo: Diferentes espécies de bactérias competindo pela matéria orgânica em águas pobres em nutrientes.

5. **Predação:**

o Um organismo alimenta-se de outro.

o Exemplo: Protozoários que consomem bactérias.

Importância das interações microbianas:

- **Ciclo de nutrientes:** As interações entre micróbios conduzem a processos essenciais como a decomposição e a mineralização de nutrientes.
- **Diversidade microbiana:** As interações mantêm a diversidade microbiana, controlando o tamanho das populações e impedindo o domínio de uma única espécie.
- **Saúde do ecossistema:** As interações microbianas contribuem para a saúde e estabilidade globais dos ecossistemas aquáticos, promovendo a resiliência e a adaptabilidade.

Resumo

Compreender os micróbios planctónicos, os biofilmes e as interações microbianas em ambientes aquáticos é crucial para compreender a dinâmica complexa destes ecossistemas. Os micróbios planctónicos contribuem para a produção primária, a decomposição e o ciclo de nutrientes, enquanto os biofilmes proporcionam habitats estruturados que suportam diversas comunidades microbianas e protegem contra os factores de stress ambiental. As interações microbianas, que vão do mutualismo à reação, desempenham papéis vitais na manutenção da diversidade microbiana, na condução dos ciclos de nutrientes e na garantia da estabilidade dos ecossistemas. O estudo destes aspectos é essencial para a gestão e conservação dos ecossistemas aquáticos e para enfrentar os desafios ambientais.

7.3. Ciclo de nutrientes

Visão geral: O ciclo dos nutrientes envolve a transformação e o movimento de elementos essenciais como o carbono, o azoto, o fósforo e o enxofre através de diferentes formas no ambiente. Os micróbios desempenham um papel crucial nestes ciclos biogeoquímicos, facilitando a conversão de nutrientes em formas biodisponíveis.

Processos-chave:

Ciclo do carbono

Visão geral: O ciclo do carbono descreve o movimento do carbono através de vários reservatórios na biosfera, atmosfera, oceanos e geosfera da Terra. O carbono é um elemento fundamental para a vida, presente em todas as moléculas orgânicas, incluindo hidratos de carbono, lípidos, proteínas e ácidos nucleicos (ADN, ARN). Compreender o ciclo do carbono é crucial para compreender os padrões climáticos globais, a dinâmica dos ecossistemas e os impactes humanos no ambiente.

Processos-chave:

1. **Fotossíntese:**

o Os organismos fotossintéticos, como as plantas, as algas e as cianobactérias, absorvem o dióxido de carbono (CO_2) da atmosfera ou da água e convertem-no em compostos orgânicos de carbono, libertando oxigénio ($O2$) como subproduto. Este processo é o principal mecanismo através do qual o carbono entra na biosfera.

2. **Respiração:**

- Todos os organismos vivos, incluindo plantas, animais, fungos e micróbios, sofrem respiração, decompondo compostos orgânicos de carbono para libertar energia. Este processo liberta CO_2 de volta para a atmosfera ou para a água, completando a componente respiratória do ciclo do carbono.

3. **Decomposição:**

- Os organismos decompositores, como as bactérias e os fungos, decompõem a matéria orgânica morta, libertando CO_2 no solo ou na água durante o processo de decomposição. Isto liberta carbono de volta para a atmosfera ou para os sistemas aquáticos, onde os organismos fotossintéticos o podem reutilizar.

4. **Consumo e assimilação:**

- Os consumidores, como os herbívoros, os carnívoros e os omnívoros, ingerem compostos orgânicos de carbono ao consumirem plantas ou outros animais. O carbono é então assimilado nos seus tecidos através da digestão e de processos metabólicos.

5. **Combustão de combustíveis fósseis:**

- As actividades humanas, nomeadamente a queima de combustíveis fósseis (carvão, petróleo, gás natural), libertam grandes quantidades de CO_2 para a atmosfera. Este contributo antropogénico perturba o equilíbrio natural do ciclo do carbono, conduzindo a um aumento das concentrações atmosféricas de CO2 e contribuindo para as alterações climáticas globais.

6. **Intercâmbio oceano-atmosfera:**

- Os oceanos desempenham um papel crucial no ciclo do carbono, absorvendo e libertando CO_2 através de processos físicos e biológicos. A absorção oceânica de CO_2 ajuda a regular os níveis atmosféricos de CO_2, mas também leva à acidificação dos oceanos, afectando os ecossistemas marinhos.

Funções microbianas:

1. **Micróbios do solo:**

- As bactérias e os fungos do solo decompõem a matéria orgânica, libertando CO2 durante a respiração. Também participam no sequestro de carbono, armazenando carbono orgânico na matéria orgânica do solo.

2. **Micróbios dos oceanos:**

- O fitoplâncton marinho, incluindo as cianobactérias e as algas, fixa o carbono através da fotossíntese, contribuindo para as cadeias alimentares marinhas e para a exportação de carbono para as camadas mais profundas do oceano através da bomba biológica.

3. **Metanogénese:**

- As arqueias anaeróbias produzem metano (CH_4) a partir de matéria orgânica em zonas húmidas, arrozais e nos sistemas digestivos de animais ruminantes. O metano é um potente gás com efeito de estufa que influencia o clima global.

Impacto humano:

- **Desflorestação e alteração da utilização dos solos:** O abate de florestas para a agricultura e a urbanização reduz o armazenamento de carbono na vegetação e no solo, libertando o carbono armazenado para a atmosfera sob a forma de CO2.

• **Queima de combustíveis fósseis:** A queima de combustíveis fósseis liberta carbono que foi sequestrado no subsolo durante milhões de anos, contribuindo significativamente para o aumento dos níveis de CO_2 atmosférico e para o aquecimento global.

• **Práticas de gestão do solo:** As práticas agrícolas, como a lavoura e a utilização de fertilizantes, podem afetar o armazenamento de carbono no solo e as emissões de gases com efeito de estufa, como o CO_2 e o óxido nitroso (N_2O).

Preocupações ambientais:

• **Alterações climáticas:** Os níveis elevados de CO2 atmosférico contribuem para o aquecimento global através do aumento do efeito de estufa, conduzindo a aumentos de temperatura, à subida do nível do mar e a fenómenos meteorológicos extremos mais frequentes.

• **Acidificação dos oceanos:** O aumento da absorção de CO2 pelos oceanos faz baixar o pH da água do mar, tornando-a mais ácida. Isto pode perturbar os ecossistemas marinhos, afectando os recifes de coral, os moluscos e outros organismos marinhos.

• **Sequestro de carbono:** O aumento dos sumidouros naturais de carbono, como as florestas, as zonas húmidas e o solo, pode ajudar a atenuar as alterações climáticas, retirando CO2 da atmosfera e armazenando-o a longo prazo.

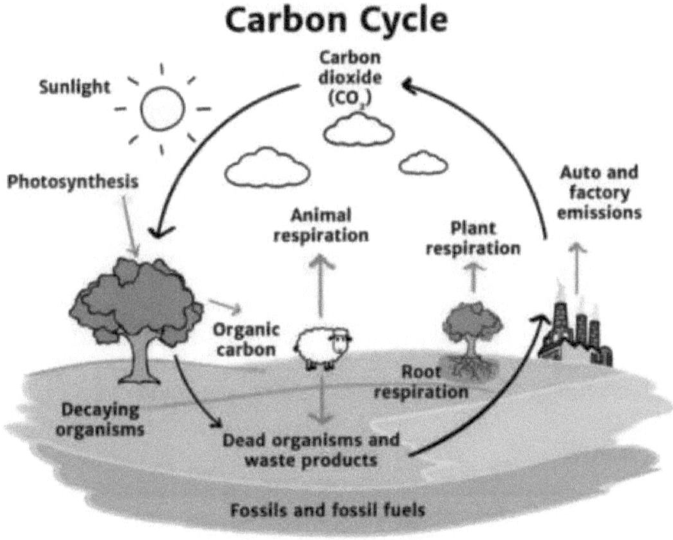

Figura 8. Ciclo do carbono

Ciclo do azoto

Visão geral: O ciclo do azoto descreve o movimento do azoto através de diferentes reservatórios no ambiente, incluindo a atmosfera, o solo, a água e os organismos vivos. O azoto é um elemento crucial para todos os organismos vivos, uma vez que é um componente das proteínas, dos ácidos nucleicos (ADN, ARN) e de outras biomoléculas essenciais.

Processos-chave:

1. **Fixação de nitrogénio:**

o Certas bactérias e arqueias convertem o azoto atmosférico (N_2) em amoníaco (NH_3) através da fixação do azoto. Este processo torna o azoto disponível para os organismos vivos numa forma utilizável.

2. **Nitrificação:**

o o amoníaco (NH_3) é oxidado a nitrito (NO_2^-) e depois a nitrato (NO_3^-) por bactérias nitrificantes (*Nitrosomonas* e *Nitrobacter*). Este processo ocorre principalmente em condições aeróbias e converte o amoníaco em formas que as plantas podem absorver facilmente.

3. **Assimilação:**

o As plantas e os micróbios assimilam o nitrato e o amoníaco do solo ou da água para sintetizar proteínas e ácidos nucleicos. Este processo incorpora o azoto nas moléculas orgânicas dos organismos vivos.

4. **Amonificação:**

o Os micróbios decompositores decompõem o azoto orgânico dos organismos mortos e dos resíduos em amoníaco (NH_3). Este processo liberta o azoto da matéria orgânica, tornando-o disponível para reutilização no ecossistema.

5. **Desnitrificação:**

o As bactérias desnitrificantes (*Pseudomonas, Paracoccus*) convertem o nitrato (NO_3^-) em azoto gasoso (N_2) em condições anaeróbias. Este processo completa o ciclo do azoto, devolvendo-o à atmosfera, onde é a forma mais abundante.

Funções microbianas:

1. **Fixação de nitrogénio:**

o As bactérias diazotróficas, como o *Rhizobium* nos nódulos das raízes das leguminosas e as cianobactérias em ambientes aquáticos, realizam a fixação do azoto. Convertem o azoto atmosférico em amoníaco, que as plantas podem utilizar.

2. **Nitrificação:**

o *As Nitrosomonas* convertem o amoníaco em nitrito (NO_2^-), e *as Nitrobacter* oxidam o nitrito em nitrato (NO_3^-). Estas bactérias desempenham papéis cruciais no solo e em ambientes aquáticos, convertendo o amoníaco produzido pela decomposição e fixação de azoto em formas utilizáveis pelas plantas.

3. **Desnitrificação:**

o As bactérias desnitrificantes reduzem o nitrato (NO_3^-) a azoto gasoso (N_2) em condições anaeróbias. Este processo ocorre em solos alagados, zonas húmidas e sedimentos aquáticos, onde a disponibilidade de oxigénio é limitada.

4. **Amonificação:**

o As bactérias e fungos decompositores decompõem os compostos orgânicos de azoto dos organismos mortos e da matéria orgânica, libertando amoníaco (NH_3) no solo ou na água. Este processo assegura que o azoto permanece disponível para as plantas e outros organismos.

Impacto humano:

- **Fertilizantes:** A utilização de fertilizantes ricos em azoto na agricultura aumentou significativamente a disponibilidade de azoto nos solos, aumentando o rendimento das culturas, mas contribuindo também para questões ambientais como a eutrofização e a poluição das águas subterrâneas.

- **Processos industriais:** A fixação industrial de azoto para a produção de fertilizantes à base de amoníaco e outros compostos de azoto alterou o ciclo global do azoto, conduzindo a um aumento da deposição de azoto nos ecossistemas terrestres e aquáticos.
- **Águas residuais e escoamento:** As actividades humanas, incluindo a descarga de esgotos e o escoamento de terras agrícolas, introduzem excesso de azoto nas massas de água, contribuindo para a poluição por nutrientes e para a proliferação de algas nocivas.

Preocupações ambientais:

- **Eutrofização:** O escoamento excessivo de azoto para as massas de água pode levar à eutrofização, em que a proliferação de algas esgota os níveis de oxigénio, provocando a morte de peixes e perturbando os ecossistemas aquáticos.
- **Poluição atmosférica:** Os óxidos de azoto (NOx) libertados pelos processos de combustão contribuem para a poluição atmosférica, formando smog e chuva ácida, que podem prejudicar a saúde humana e os ecossistemas.
- **Desequilíbrio do azoto:** As actividades humanas perturbaram o equilíbrio natural do ciclo do azoto, conduzindo à deposição de azoto em ecossistemas sensíveis e contribuindo para a perda de biodiversidade e a degradação dos ecossistemas.

Ecologia Microbiana: Explorando a Ecologia para além do Olho Nu

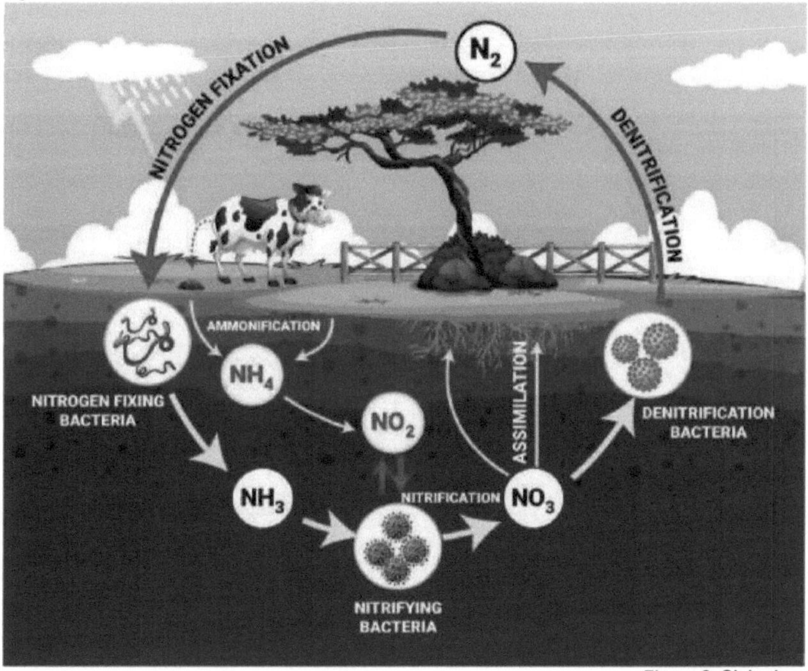

Figura 9. Ciclo do azoto

Ciclo do fósforo

Visão geral: O ciclo do fósforo descreve o movimento do fósforo através da litosfera, hidrosfera e biosfera. Ao contrário do carbono, azoto e enxofre, o fósforo não tem uma fase gasosa significativa e circula principalmente através do solo, da água e dos organismos vivos. O fósforo é um nutriente essencial para todos os organismos vivos, uma vez que é um componente chave do ADN, ARN, ATP e fosfolípidos.

Processos-chave:

1. **Intemperismo:**

o O fósforo tem origem na meteorização de rochas que contêm fosfato. Este processo liberta fosfato inorgânico (PO_4^{3-}) no solo e na água.

2. **Assimilação:**

o As plantas e os micróbios absorvem o fosfato inorgânico do solo ou da água. O fósforo é depois incorporado em moléculas orgânicas como os ácidos nucleicos e o ATP, essenciais para a transferência de energia e de informação genética.

3. **Consumo:**

o Os animais obtêm o fósforo através do consumo de plantas ou de outros animais. O fósforo é incorporado no seu corpo, nomeadamente nos ossos e nos dentes.

4. **Decomposição:**

o Quando as plantas, os animais e os micróbios morrem, os organismos decompositores, incluindo as bactérias e os fungos, decompõem os compostos orgânicos de fósforo, transformando-os novamente em fosfato inorgânico. Este processo devolve o fósforo ao solo ou aos sistemas aquáticos, tornando-o novamente disponível para absorção.

5. **Sedimentação:**

o Em ambientes aquáticos, algum fósforo deposita-se no fundo e torna-se parte do sedimento. Em escalas de tempo geológicas, estes sedimentos podem ser elevados para formar novas rochas fosfáticas, reiniciando o ciclo através da meteorização.

6. **Escoamento:**

o Os fosfatos podem ser arrastados do solo para as massas de água através do escoamento superficial. O escoamento excessivo de fósforo das terras agrícolas pode levar a eutrofização, provocando a proliferação de algas e condições de hipoxia prejudiciais à vida aquática.

Funções microbianas:

1. **Mineralização:**

o Os micróbios decompõem os compostos orgânicos de fósforo em fosfato inorgânico através de processos enzimáticos, tornando-o disponível para a absorção vegetal e microbiana.

2. **Solubilização de fósforo:**

o Certas bactérias do solo, como *Pseudomonas* e *Bacillus*, podem solubilizar fosfatos insolúveis (por exemplo, fosfato de rocha) em formas solúveis que as plantas podem absorver. Isto é particularmente importante em solos com limitação de fósforo.

3. **Associações micorrízicas:**

o Os fungos micorrízicos formam relações simbióticas com as raízes das plantas, aumentando a absorção de fósforo. Estes fungos alargam o alcance do sistema radicular, acedendo ao fósforo em áreas do solo que as raízes sozinhas não conseguem.

4. **Acumulação de polifosfatos:**

o Alguns micróbios acumulam fósforo sob a forma de grânulos de polifosfato, armazenando-o para utilização futura. Este processo pode regular a disponibilidade de fósforo nas comunidades microbianas e nos ecossistemas.

Impacto humano:

- **Fertilizantes:** A utilização de fertilizantes ricos em fósforo aumentou a quantidade de fósforo biodisponível nos solos agrícolas, o que levou a um aumento do rendimento das culturas, mas também contribuiu para o escoamento superficial e a eutrofização das massas de água.
- **Águas residuais:** Os resíduos humanos e animais contêm quantidades significativas de fósforo, que pode entrar nas massas de água através dos esgotos e do escoamento agrícola, contribuindo ainda mais para a poluição por nutrientes.
- **Exploração mineira:** A extração de rochas fosfáticas para a produção de fertilizantes perturba os depósitos naturais de fósforo, provocando alterações nos ecossistemas e potencial poluição.

Preocupações ambientais:

- **Eutrofização:** O excesso de fósforo nas massas de água pode provocar a proliferação de algas, esgotando os níveis de oxigénio e prejudicando a vida aquática.
- **Esgotamento do fósforo:** Embora haja preocupação com o esgotamento local do fósforo nos solos agrícolas, a nível global, as reservas de fósforo são finitas e é necessária uma gestão sustentável para evitar futuras carências.

Ciclo do enxofre

Visão geral: O ciclo do enxofre descreve o movimento do enxofre através de vários reservatórios no ambiente, incluindo a atmosfera, a litosfera (rochas e solo), a hidrosfera (corpos de água), e a biosfera. O enxofre é um elemento essencial para todos os organismos vivos, desempenhando um papel nas proteínas, enzimas e outras biomoléculas. O ciclo do enxofre envolve processos bióticos e abióticos que transformam o enxofre entre diferentes estados de oxidação e formas químicas.

Processos-chave:

1. **Intemperismo e Erosão:**

o O enxofre entra no ambiente principalmente através da meteorização de rochas que contêm minerais de enxofre, tais como sulfuretos (por exemplo, pirite). A meteorização liberta iões de sulfato (SO_4^{2-}) nos solos e na água.

2. **Redução de sulfato:**

o As bactérias anaeróbias, como o *Desulfovibrio*, reduzem o sulfato (SO42") a sulfureto de hidrogénio (H_2S) em ambientes sem oxigénio. Este processo ocorre em sedimentos, zonas húmidas e nas entranhas de alguns animais.

3. **Oxidação de enxofre:**

o As bactérias quimiolitotróficas, como o *Thiobacillus*, oxidam o sulfureto de hidrogénio (H2S) a sulfato (SO42") em condições aeróbias. Este processo ocorre em ambientes com oxigénio suficiente, como os solos e os sistemas aquáticos.

4. **Mineralização:**

o Os micróbios decompositores decompõem os compostos orgânicos de enxofre dos organismos mortos, libertando sulfatos (SO42-) no solo ou na água. Isto torna o enxofre disponível para ser absorvido pelas plantas e micróbios.

5. **Erupções vulcânicas:**

o A atividade vulcânica liberta dióxido de enxofre (SO2) e sulfureto de hidrogénio (H2S) para a atmosfera. Estes gases podem ser oxidados para formar aerossóis de sulfato, contribuindo para os ciclos atmosféricos do enxofre.

6. **Deposição de enxofre e sedimentação:**

o Os sulfatos (SO42-) são depositados nas superfícies terrestres e aquáticas através da deposição atmosférica ou da precipitação. Em ambientes aquáticos, o enxofre pode acumular-se nos sedimentos ao longo do tempo.

Funções microbianas:

1. **Bactérias redutoras de sulfato:**

o As bactérias anaeróbias, como o *Desulfovibrio,* reduzem o sulfato (SO_4^{2-}) a sulfureto de hidrogénio (H_2S). Estas bactérias são cruciais no ciclo do enxofre em sedimentos, zonas húmidas e zonas anaeróbias.

2. **Bactérias oxidantes de enxofre:**

o As bactérias quimiolitotróficas, incluindo as espécies de *Thiobacillus*, oxidam o sulfureto de hidrogénio (H2S) a sulfato (SO42-) em condições aeróbicas. Desempenham um papel no ciclo do enxofre em solos, ambientes aquáticos e habitats ricos em enxofre.

3. **Archaea metanogénica:**

o As arqueias metanogénicas produzem metano (CH4) em ambientes anaeróbios, utilizando por vezes compostos orgânicos de enxofre como aceptores de electrões.

Impacto humano:

- **Actividades industriais:** A combustão de combustíveis fósseis e os processos industriais libertam dióxido de enxofre (SO2) para a atmosfera, contribuindo para a chuva ácida e a poluição atmosférica.
- **Práticas agrícolas:** A utilização de fertilizantes contendo enxofre e o escoamento das operações pecuárias podem aumentar as concentrações de enxofre nos solos e nas massas de água, afectando os ecossistemas locais.
- **Exploração mineira e extração de recursos:** As actividades mineiras, particularmente de minérios de sulfureto, podem libertar compostos de enxofre nos cursos de água e no solo, afectando os ambientes locais.

Preocupações ambientais:

- **Chuva ácida:** As emissões atmosféricas de dióxido de enxofre (SO_2) podem combinar-se com o vapor de água para formar ácido sulfúrico (H2SO4), contribuindo para a chuva ácida que danifica as florestas, os solos e os ecossistemas aquáticos.
- **Eutrofização:** O excesso de enxofre nas massas de água pode contribuir para a eutrofização, promovendo a proliferação de algas e perturbando os ecossistemas aquáticos.
- **Orçamento global de enxofre:** As actividades humanas alteraram significativamente o ciclo natural do enxofre, conduzindo a um aumento das concentrações atmosféricas de enxofre e a impactos ambientais à escala global.

Resumo

O ciclo do enxofre é essencial para a manutenção dos ecossistemas e processos bioquímicos da Terra. Os micróbios desempenham papéis críticos na transformação do enxofre através da redução do sulfato, oxidação do enxofre e mineralização do enxofre orgânico. As actividades humanas têm perturbado o ciclo do enxofre, contribuindo para questões ambientais como a chuva ácida, a poluição do ar e a degradação dos ecossistemas. A compreensão e a gestão da dinâmica do enxofre são cruciais para mitigar esses impactos e garantir a sustentabilidade ambiental.

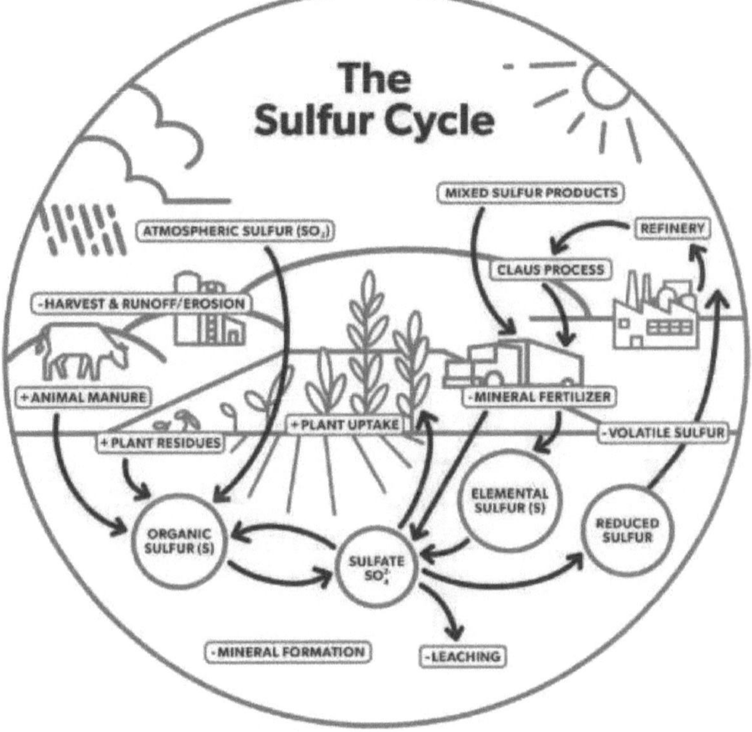

Figura 10. Ciclo do enxofre

7.4. Diversidade microbiana

A diversidade microbiana refere-se à variedade de microrganismos presentes num determinado ambiente, englobando bactérias, archaea, fungos, protistas e vírus. Esta diversidade é influenciada por factores como:

1. **Condições ambientais:** A temperatura, o pH, a salinidade, a disponibilidade de nutrientes e os níveis de oxigénio determinam a composição e a diversidade da comunidade microbiana.
2. **Interações microbianas:** A competição, a predação, a simbiose e a cooperação entre microrganismos afectam a estrutura e a diversidade da comunidade.
3. **Localização geográfica:** Diferentes regiões e ecossistemas albergam comunidades microbianas distintas adaptadas às condições e recursos locais.
4. **Impacto humano:** As actividades antropogénicas, como a alteração da utilização dos

solos, a poluição e as alterações climáticas, podem alterar a diversidade microbiana em ambientes naturais e artificiais.

Respostas às alterações ambientais

Os microrganismos apresentam várias respostas às alterações ambientais, que podem ser adaptativas ou perturbadoras das funções do ecossistema:

1. **Aclimatação e adaptação:**

o Os micróbios podem adaptar-se a alterações ambientais a curto prazo através de ajustes fisiológicos , tais como alterações nas taxas metabólicas ou na produção de enzimas.

o A adaptação envolve mudanças genéticas ao longo das gerações, permitindo que os micróbios desenvolvam caraterísticas que aumentam a sobrevivência em ambientes alterados.

2. **Mudanças na composição da comunidade:**

o As alterações ambientais podem levar a mudanças na estrutura da comunidade microbiana, favorecendo as espécies que se adaptam melhor às novas condições e desfavorecendo outras.

o Estas mudanças podem afetar os processos do ecossistema, como o ciclo de nutrientes, a decomposição e o armazenamento de carbono.

3. **Resiliência e vulnerabilidade:**

o As comunidades microbianas variam na sua resiliência - a capacidade de recuperar após uma perturbação - e vulnerabilidade a factores de stress como a poluição ou a destruição do habitat.

o As comunidades resilientes podem manter a estabilidade do ecossistema, enquanto as comunidades vulneráveis podem sofrer alterações significativas ou colapsar.

4. **Papel nos serviços ecossistémicos:**

o As respostas microbianas às alterações ambientais influenciam os serviços ecosistémicos, tais como o ciclo de nutrientes, a fertilidade do solo, a purificação da água e a regulação do clima.

o A compreensão das respostas microbianas é crucial para a previsão das respostas dos ecossistemas às alterações globais e para o desenvolvimento de estratégias de conservação e gestão.

5. **Aplicações tecnológicas:**

o O estudo das reacções microbianas às alterações ambientais permite aplicações biotecnológicas, incluindo a bioremediação de locais poluídos, o desenvolvimento de práticas agrícolas resistentes e a previsão de surtos de doenças.

Conclusão

A diversidade microbiana e as respostas às alterações ambientais estão intrinsecamente ligadas, moldando a dinâmica e o funcionamento dos ecossistemas em diversos habitats. A investigação em ecologia microbiana continua a revelar as interações e adaptações complexas que os microrganismos empregam para prosperar em ambientes em mudança, oferecendo conhecimentos sobre a resiliência e sustentabilidade dos ecossistemas face aos desafios ambientais globais.

As respostas microbianas às alterações ambientais envolvem uma série de estratégias adaptativas que os microrganismos utilizam para sobreviver e prosperar em ambientes dinâmicos e frequentemente difíceis. Estas respostas são cruciais para compreender como as comunidades microbianas contribuem para a estabilidade, função e resiliência dos ecossistemas. Eis alguns aspectos fundamentais das respostas microbianas às alterações ambientais:

Estratégias adaptativas

1. **Flexibilidade Metabólica:**

o **Mudanças nas fontes de energia:** Os micróbios podem alternar entre diferentes fontes de energia consoante a disponibilidade. Por exemplo, em ambientes pobres em nutrientes, podem utilizar fontes alternativas de carbono ou envolver-se em mixotrofia (combinando modos autotróficos e heterotróficos).

o **Ajustes Redox:** Os micróbios ajustam as suas vias metabólicas em resposta a alterações na disponibilidade de oxigénio ou nas condições redox. Alguns podem alternar entre respiração aeróbia e anaeróbia ou utilizar aceitadores de electrões alternativos.

2. **Ajustes fisiológicos:**

o **Tolerância à temperatura:** Os micróbios adaptam-se às mudanças de temperatura através de alterações na fluidez das membranas, na atividade enzimática e nas taxas metabólicas. Os extremófilos, por exemplo, desenvolvem-se em ambientes de calor ou frio extremos.

o **Tolerância ao pH e à salinidade:** Os acidófilos e os halófilos estão adaptados a condições ácidas ou salinas, respetivamente, ajustando o pH interno ou o equilíbrio osmótico para sobreviver.

3. **Adaptações genéticas:**

o **Mutação e seleção:** Os micróbios podem sofrer mutações genéticas que conferem vantagens em novos ambientes. A seleção natural actua sobre estas mutações, promovendo a sobrevivência e a reprodução das variantes mais bem adaptadas.

o **Transferência horizontal de genes:** Os micróbios podem adquirir novos genes através da transferência horizontal de genes, aumentando o seu potencial de adaptação ao adquirirem caraterísticas como a resistência aos antibióticos ou a versatilidade metabólica.

4. **Interações comunitárias:**

o **Simbiose e Mutualismo:** As comunidades microbianas podem envolver-se em relações mutualistas ou simbióticas que aumentam a sua resistência colectiva às alterações ambientais. Por exemplo, as bactérias fixadoras de azoto nas raízes das plantas fornecem nutrientes em troca de compostos de carbono.

o **Interações competitivas:** A competição entre espécies microbianas por recursos pode levar a mudanças na composição da comunidade quando as condições mudam, favorecendo as espécies mais bem adaptadas ao novo ambiente.

5. **Formação de biofilme:**

o Os micróbios formam frequentemente biofilmes - comunidades estruturadas inseridas numa matriz de substâncias poliméricas extracelulares (EPS) - para se protegerem de tensões ambientais como a dessecação, a radiação UV e as toxinas químicas. Os biofilmes aumentam a resistência e a sobrevivência microbiana em condições adversas.

6. **Resposta aos impactos antropogénicos:**

o Os micróbios respondem às alterações ambientais induzidas pelo homem, como a poluição (por exemplo, metais pesados, poluentes orgânicos) e a destruição do habitat (por exemplo, desflorestação, urbanização). Alguns micróbios desenvolveram mecanismos para degradar os poluentes ou sobreviver em ambientes contaminados.

Importância e aplicações

A compreensão das respostas microbianas às alterações ambientais é crucial para:

- **Conservação e gestão:** Prever e mitigar os impactos das perturbações ambientais nos ecossistemas e na biodiversidade.
- **Aplicações biotecnológicas:** Aproveitamento das capacidades microbianas para biorremediação, produção de biocombustíveis e agricultura sustentável.
- **Investigação sobre alterações climáticas:** Estudar as contribuições microbianas para as emissões de gases com efeito de estufa, o sequestro de carbono e as reacções dos ecossistemas num mundo em aquecimento.

De um modo geral, as respostas microbianas às alterações ambientais realçam a resiliência e o potencial adaptativo dos microrganismos na manutenção das funções e serviços ecosistémicos em condições de mudança, sublinhando a necessidade de abordagens integradas para a gestão e conservação dos ecosistemas.

Capítulo 8: Ecologia microbiana terrestre

As comunidades microbianas do solo são diversas e complexas, consistindo em bactérias, fungos, archaea, protozoários, nemátodos e vírus. Estes microrganismos interagem entre si e com as plantas para influenciar a saúde do solo, o ciclo de nutrientes e o funcionamento do ecossistema. Eis um resumo das comunidades microbianas no solo:

Principais grupos microbianos no solo

1. **Bactérias:**

   - **Abundância e diversidade:** As bactérias são o grupo de microrganismos mais numeroso e diversificado do solo, com densidades que atingem milhares de milhões a biliões por grama de solo.
   - **Papéis funcionais:** Desempenham papéis essenciais no ciclo de nutrientes, na decomposição da matéria orgânica, na fixação de azoto e nas interações planta-micróbio.
   - **Exemplos:** *Rhizobium* e *Bradyrhizobium* fixam o azoto em simbiose com as raízes das leguminosas, enquanto *Pseudomonas* spp. e *Bacillus* spp. contribuem para a supressão de doenças e solubilização de nutrientes.

2. **Fungos:**

   - **Decompositores e simbiontes:** Os fungos decompõem matéria orgânica complexa, libertando nutrientes como o carbono, o azoto e o fósforo. Formam associações simbióticas com as raízes das plantas (micorrizas), aumentando a absorção de nutrientes e a resistência das plantas.
   - **Tipos:** Os fungos micorrízicos (por exemplo, micorrizas arbusculares, ectomicorrizas) e os fungos saprotróficos (por exemplo, *Aspergillus*, *Penicillium*) são comuns nos ecossistemas do solo.

3. **Archaea:**

   - **Ciclo do azoto e do metano:** As arqueias contribuem para o ciclo do azoto através dos processos de oxidação do amoníaco e de desnitrificação. As arqueas metanogénicas produzem metano em condições anaeróbias, influenciando as emissões de gases com efeito de estufa no solo.

- **Exemplos:** *Nitrososphaera* e *Nitrosopumilus* são arqueias oxidantes de amoníaco envolvidas na conversão de amoníaco em nitritos no solo.

4. **Protozoários e Nemátodos:**

- **Predadores microbianos:** Os protozoários alimentam-se de bactérias e fungos, regulando as populações microbianas e a dinâmica do ciclo de nutrientes no solo.
- **Micróbios herbívoros:** Os nemátodos consomem bactérias, fungos e raízes de plantas, influenciando a mineralização de nutrientes e o crescimento das plantas através das suas interações com os micróbios do solo.

5. **Vírus:**

- **Regulação das populações microbianas:** Os bacteriófagos infectam e lisam células bacterianas, afectando a estrutura da comunidade microbiana e a dinâmica do ciclo de nutrientes no solo.

Factores que influenciam as comunidades microbianas

1. **Condições ambientais:**

- **Factores físicos:** A textura do solo, o teor de humidade, o pH e a temperatura influenciam a composição e a atividade da comunidade microbiana.
- **Factores químicos:** A disponibilidade de nutrientes (carbono, azoto e fósforo), a qualidade da matéria orgânica e a presença de poluentes determinam a diversidade e a função da comunidade microbiana.

2. **Interações planta-micróbio:**

- **Efeitos da rizosfera:** Os exsudados das raízes (açúcares, aminoácidos) atraem e sustentam comunidades microbianas perto das raízes das plantas, influenciando a disponibilidade de nutrientes e a saúde das plantas.
- **Associações micorrízicas:** Os fungos micorrízicos aumentam a absorção de nutrientes (especialmente fósforo) e a aquisição de água pelas plantas hospedeiras, formando relações mutualistas.

3. **Mudanças sucessionais:**

- **Dinâmica Temporal:** As comunidades microbianas sofrem sucessão ao longo do tempo em resposta a alterações sazonais, práticas de utilização do solo (por exemplo, agricultura, reflorestação) e perturbações (por exemplo, incêndios, inundações).

Papéis funcionais nos ecossistemas do solo

1. **Ciclo de nutrientes:**

- **Decomposição da matéria orgânica:** Os micróbios decompõem os resíduos vegetais e os compostos orgânicos, libertando nutrientes essenciais para o crescimento das plantas e a fertilidade do solo.
- **Fixação do azoto e desnitrificação:** As bactérias e as arqueias convertem o azoto atmosférico em amoníaco e nitrato, respetivamente, enquanto os desnitrificadores devolvem o azoto à atmosfera sob a forma de gás nitrogénio.

2. **Estrutura do solo e controlo da erosão:**

- **Agregação:** A produção microbiana de substâncias poliméricas extracelulares (EPS) e colas estabiliza os agregados do solo, melhorando a estrutura do solo e a infiltração da água.

o **Resistência à erosão:** As comunidades microbianas contribuem para a estabilização do solo, reduzindo os riscos de erosão e mantendo a fertilidade do solo.

3. **Saúde das plantas e supressão de doenças:**

o **Agentes de Biocontrolo:** Os micróbios benéficos (por exemplo, rizobactérias, fungos micorrízicos) suprimem os agentes patogénicos transmitidos pelo solo através da competição, antibiose e resistência sistémica induzida nas plantas.

Investigação e aplicações

A compreensão das comunidades microbianas no solo é crucial para:

- **Agricultura sustentável:** Otimizar a saúde e a fertilidade do solo através de inoculantes microbianos, culturas de cobertura e práticas de lavoura reduzidas.
- **Conservação do ambiente:** Gestão da biodiversidade do solo para aumentar a resiliência do ecossistema, o sequestro de carbono e a qualidade da água.
- **Aplicações biotecnológicas:** Aproveitamento das capacidades microbianas para biorremediação, produção de biocombustíveis e desenvolvimento farmacêutico.

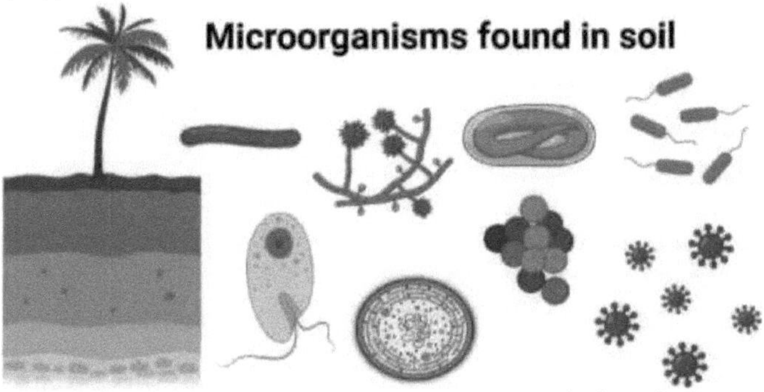

O ciclo de nutrientes e a saúde do solo são componentes integrais da agricultura sustentável e da gestão dos ecossistemas. Eis uma análise pormenorizada de ambos os conceitos:

Ciclo de nutrientes

O ciclo dos nutrientes refere-se ao movimento e à troca de matéria orgânica e inorgânica para a produção de matéria viva. Este processo envolve vários ciclos biogeoquímicos, incluindo:

1. **Ciclo do carbono**: As plantas absorvem dióxido de carbono (CO_2) durante a fotossíntese, convertendo-o em matéria orgânica. Quando as plantas e os animais morrem, os decompositores decompõem a matéria orgânica, libertando o CO_2 de volta para a atmosfera.
2. **Ciclo do azoto**: O azoto é essencial para a produção de aminoácidos e ácidos nucleicos. O ciclo envolve a fixação de azoto (conversão de gás N_2 em amoníaco), a nitrificação (conversão de amoníaco em nitratos), a assimilação (absorção de nitratos pelas plantas), a amonificação (conversão de azoto orgânico em amoníaco) e a desnitrificação (conversão de nitratos novamente em gás N_2).
3. **Ciclo do fósforo**: O fósforo é crucial para o ADN, ARN e ATP. Ao contrário do azoto e do carbono, o ciclo do fósforo não inclui uma fase gasosa significativa. O fósforo é libertado das rochas e minerais através da meteorização, absorvido pelas plantas e devolvido ao solo através da decomposição.

4. **Ciclo da água**: O movimento da água através da evaporação, transpiração, condensação, precipitação e infiltração ajuda a distribuir os nutrientes no ambiente.

Saúde do solo

A saúde do solo é a capacidade do solo de funcionar como um ecossistema vivo que sustenta plantas, animais e seres humanos. Os principais indicadores da saúde do solo incluem:

1. **Estrutura do solo**: Uma boa estrutura do solo permite a infiltração adequada da água, o crescimento das raízes e o arejamento. É mantida pela presença de matéria orgânica e de organismos do solo.
2. **Matéria Orgânica do Solo (MOS)**: A MOS inclui resíduos vegetais e animais decompostos, organismos vivos do solo e húmus. Melhora a estrutura do solo, a retenção de água e a disponibilidade de nutrientes.
3. **pH do solo**: A acidez ou alcalinidade do solo afecta a disponibilidade de nutrientes e a atividade microbiana. A maioria das plantas prefere um pH entre 6 e 7,5.
4. **Atividade microbiana**: Uma comunidade microbiana diversificada e ativa é crucial para o ciclo de nutrientes, a supressão de doenças e a decomposição de matéria orgânica.
5. **Erosão e compactação do solo**: Minimizar a erosão e a compactação ajuda a manter a estrutura e a saúde do solo. Práticas como a cultura de cobertura, a redução da lavoura e a rotação de culturas podem ajudar a reduzir estes problemas.

Importância da ciclagem de nutrientes e da saúde do solo

1. **Agricultura sustentável**: Um solo saudável e um ciclo de nutrientes eficiente reduzem a necessidade de fertilizantes químicos, reduzem os custos de produção e aumentam o rendimento das culturas.
2. **Qualidade ambiental**: O ciclo adequado de nutrientes minimiza o escoamento de nutrientes para as massas de água, reduzindo a poluição da água e a eutrofização.
3. **Mitigação das alterações climáticas**: Os solos saudáveis sequestram carbono, ajudando a mitigar as alterações climáticas.
4. **Biodiversidade**: A diversidade de organismos do solo contribui para o ciclo de nutrientes, a decomposição da matéria orgânica e a resiliência geral do ecossistema.

Práticas para melhorar a ciclagem de nutrientes e a saúde do solo

1. **Culturas de cobertura**: A plantação de culturas de cobertura ajuda a prevenir a erosão do solo, a melhorar a estrutura do solo e a aumentar o ciclo de nutrientes.
2. **Rotação de culturas**: A rotação de diferentes culturas pode quebrar os ciclos de pragas e doenças e melhorar a fertilidade do solo.
3. **Lavoura reduzida**: Minimizar a perturbação do solo ajuda a manter a estrutura do solo e a atividade microbiana.
4. **Correcções orgânicas**: A adição de composto, estrume ou outros materiais orgânicos pode melhorar a matéria orgânica do solo e a disponibilidade de nutrientes.
5. **Gestão Integrada de Pragas (IPM)**: A utilização da GIP reduz a dependência de pesticidas químicos, que podem prejudicar os organismos benéficos do solo.
6. **Agroflorestação**: A integração de árvores e arbustos em sistemas agrícolas pode melhorar o ciclo de nutrientes, reduzir a erosão e aumentar a biodiversidade.

A concentração no ciclo de nutrientes e na saúde do solo assegura a sustentabilidade e a produtividade a longo prazo dos sistemas agrícolas e ajuda a manter o equilíbrio ecológico.

Interações planta-micróbio

As relações simbióticas nas interações planta-micróbio envolvem benefícios mútuos entre os dois parceiros. Eis alguns exemplos de relações deste tipo:

Simbiose Rhizobium-Legume

Bactérias Rhizobium:

. **Plantas hospedeiras**: Leguminosas como o feijão, a ervilha, o trevo e a soja.

- **Processo**: As bactérias Rhizobium entram nas raízes das plantas leguminosas e formam estruturas especializadas chamadas nódulos radiculares. Dentro destes nódulos, as bactérias convertem o azoto atmosférico (N2) em amoníaco (NH3) através de um processo conhecido como fixação de azoto. Este amoníaco é depois convertido em formas orgânicas de azoto que a planta pode utilizar para o seu crescimento e desenvolvimento.
- **Benefícios para as plantas**: A leguminosa recebe uma fonte prontamente disponível de azoto, que é crucial para a síntese de proteínas, ácidos nucleicos e outras moléculas vitais.
- **Benefícios para as bactérias**: As bactérias Rhizobium recebem hidratos de carbono e outros compostos orgânicos da planta, que utilizam como fonte de energia.

Simbiose Frankia-Actinorhizal

Bactérias Frankia:

- **Plantas hospedeiras**: Plantas actinorrizas como amieiros, loureiros e fetos doces.
- **Processo**: As bactérias Frankia formam nódulos radiculares semelhantes aos Rhizobium. Fixam o azoto atmosférico , convertendo-o em formas utilizáveis pela planta.
- **Benefícios para as plantas**: Maior disponibilidade de azoto, o que leva a um melhor crescimento e produtividade.
- **Benefícios para as bactérias**: Acesso a hidratos de carbono e a um nicho ambiental no interior dos nódulos radiculares.

Associações micorrízicas

Fungos Micorrízicos Arbusculares (FMA):

- **Plantas hospedeiras**: A maioria das plantas terrestres, incluindo muitas culturas agrícolas.
- **Processo**: Os FMA penetram nas células da raiz das plantas, formando estruturas chamadas arbúsculos. Estes arbúsculos facilitam a troca de nutrientes entre o fungo e a planta.

. **Benefícios para as plantas**: Melhor absorção de nutrientes, especialmente fósforo, melhor absorção de água, maior resistência aos agentes patogénicos do solo e melhor estrutura do solo.

- **Benefícios para os fungos**: Os fungos recebem os hidratos de carbono produzidos pela planta através da fotossíntese.

Fungos ectomicorrízicos (EMF):

- **Plantas hospedeiras**: Árvores como o pinheiro, o carvalho e a bétula.
- **Processo**: Os CEM formam uma bainha à volta das raízes e estendem as hifas para o solo, aumentando a área de superfície para absorção de nutrientes e água.
- **Benefícios para as plantas**: Aumento da absorção de nutrientes (especialmente azoto e fósforo), maior absorção de água e maior resistência a agentes patogénicos.

- **Benefícios para os fungos**: Acesso aos hidratos de carbono produzidos pela planta.

Líquenes

Simbiose liquénica:

- **Parceiros**: Um fungo e um parceiro fotossintético (uma alga ou uma cianobactéria).
- **Processo**: O parceiro fotossintético produz carbono orgânico através da fotossíntese, que partilha com o fungo. O fungo proporciona um ambiente protegido e acesso a nutrientes e água.
- **Benefícios para o parceiro fotossintético**: Proteção contra o stress ambiental e acesso a um habitat estável.
- **Benefícios para os fungos**: Acesso ao carbono orgânico produzido pelo parceiro fotossintético.

Fungos endofíticos

Fungos endofíticos:

. **Plantas hospedeiras**: Várias espécies de plantas.

- **Processo**: Os fungos endofíticos vivem no interior dos tecidos das plantas sem causar qualquer dano. Podem produzir compostos que melhoram o crescimento das plantas e proporcionam resistência a pragas e doenças.
- **Benefícios para as plantas**: Aumento da resistência a herbívoros, agentes patogénicos e stress ambiental, bem como um melhor crescimento e absorção de nutrientes.
- **Benefícios para os fungos**: Acesso a um habitat e a nutrientes fornecidos pela planta.

Resumo das prestações

- **Plantas**: Aumento da aquisição de nutrientes, maior tolerância ao stress, maior resistência a agentes patogénicos e pragas, melhor crescimento e produtividade.
- **Micróbios**: Acesso ao carbono orgânico, um habitat estável e proteção contra as tensões ambientais .

As relações simbióticas são cruciais para manter o equilíbrio dos ecossistemas, melhorar a produtividade agrícola e reforçar a sustentabilidade dos ecossistemas naturais e geridos.

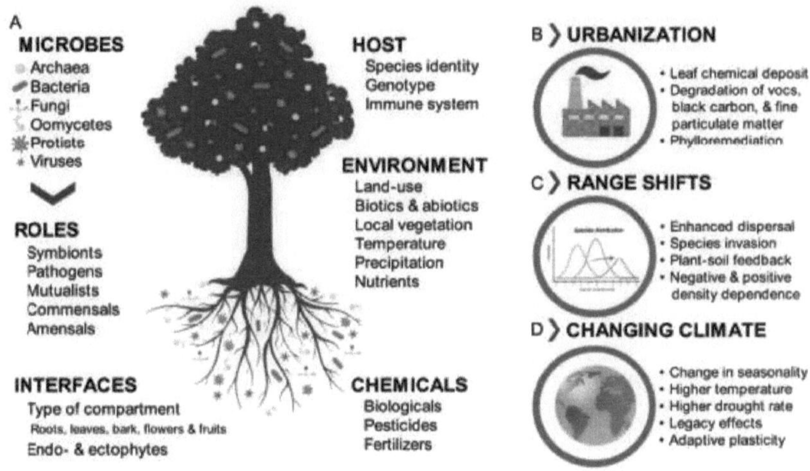

Figura 11. Interação planta-hospedeiro

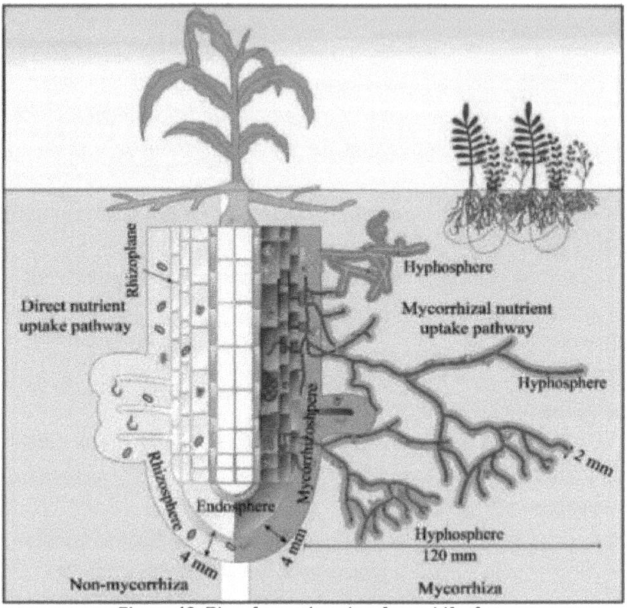

Figura 12. Rizosfera, micorrizosfera e hifosfera

8.1. Interações entre agentes patogénicos e hospedeiros

As interações entre agentes patogénicos e hospedeiros envolvem micróbios que causam doenças nas plantas. Estas interações podem influenciar significativamente a saúde das plantas e a produtividade agrícola. Eis uma visão geral dos principais tipos de interações entre agentes patogénicos e hospedeiros:

Agentes patogénicos bacterianos

1. **Espécies de Xanthomonas (Bacterial Blight)**

- **Plantas hospedeiras**: Arroz, citrinos, tomate e várias outras culturas.
- **Mecanismo de infeção**: As bactérias Xanthomonas entram na planta através de aberturas naturais (estomas) ou feridas. Secretam proteínas efectoras através de um sistema de secreção de tipo III, que manipula os processos celulares do hospedeiro para facilitar a infeção.
- **Sintomas**: Lesões encharcadas, manchas foliares, cancros, murchidão e desfoliação.
- **Exemplo**: Xanthomonas oryzae pv. oryzae causa o míldio bacteriano no arroz.

2. **Agrobacterium tumefaciens (doença da coroa das galhas)**

- **Plantas hospedeiras**: Mais de 140 espécies de plantas dicotiledóneas, incluindo videiras, árvores de fruto de caroço e rosas.
- **Mecanismo de infeção**: A Agrobacterium transfere um pedaço do seu ADN (ADN-T) para o genoma da planta através de um sistema de secreção do tipo IV. Isto faz com que as células da planta proliferem descontroladamente, formando galhas.
- **Sintomas**: Crescimentos semelhantes a tumores (galhas) na copa, nas raízes ou nos caules da planta.
- **Exemplo**: A Agrobacterium tumefaciens infecta várias plantas causando a doença da galha

da coroa.

Agentes patogénicos fúngicos

1. **Phytophthora infestans (míldio)**

o **Plantas hospedeiras**: Batatas e tomates.

o **Mecanismo de infeção**: Phytophthora infestans produz esporos que germinam na superfície da planta. O agente patogénico penetra no tecido vegetal, formando haustórios para extrair nutrientes.

o **Sintomas**: Lesões escuras e encharcadas de água nas folhas, caules e tubérculos, levando ao colapso e apodrecimento da planta.

o **Exemplo**: A praga tardia da batata causada por Phytophthora infestans.

2. **Puccinia graminis (Ferrugem do caule)**

o **Plantas hospedeiras**: Trigo, cevada e outras gramíneas.

o **Mecanismo de infeção**: Os esporos de Puccinia graminis pousam na planta e germinam, penetrando no tecido vegetal e formando pústulas que libertam mais esporos.

o **Sintomas**: Pústulas castanho-avermelhadas nos caules e nas folhas, levando à redução da fotossíntese, enfraquecimento dos caules e perda de rendimento.

o **Exemplo**: Ferrugem do caule do trigo causada por Puccinia graminis.

Agentes patogénicos virais

1. **Vírus do mosaico do tabaco (TMV)**

o **Plantas hospedeiras**: Tabaco, tomate e outras solanáceas.

o **Mecanismo de infeção**: O TMV entra nas células vegetais através de feridas e replica-se no citoplasma. Move-se de célula para célula através de plasmodesmatas e através do sistema vascular.

o **Sintomas**: Padrões em mosaico de verde claro e escuro nas folhas, enrolamento das folhas, crescimento atrofiado e rendimento reduzido.

o **Exemplo**: Vírus do mosaico do tabaco que afecta as plantas de tabaco e tomate.

2. **Vírus Y da batata (PVY)**

o **Plantas hospedeiras**: Batatas, pimentos, tomates e outras plantas solanáceas.

o **Mecanismo de infeção**: O PVY é transmitido por afídeos e entra nas células vegetais através de feridas. Replica-se no citoplasma e espalha-se pela planta.

o **Sintomas**: Manchas, padrões de mosaico, necrose foliar e necrose de tubérculos em batatas.

o **Exemplo**: Vírus Y da batata que afecta a batata e outras culturas solanáceas.

Patógenos de nematódeos

1. **Espécies de Meloidogyne (nemátodos das galhas)**

o **Plantas hospedeiras**: Uma vasta gama de plantas, incluindo vegetais, frutos e plantas ornamentais.

o **Mecanismo de infeção**: Os nemátodos das galhas infectam as raízes das plantas, provocando a formação de galhas. Os nemátodos alimentam-se dos nutrientes da planta, perturbando a absorção de água e de nutrientes.

o **Sintomas**: Galhas nas raízes, crescimento atrofiado, amarelecimento das folhas e redução da produção.

o **Exemplo**: Meloidogyne incognita que afecta as plantas de tomate.

2. **Espécies de Heterodera (Nemátodos de quisto)**

o **Plantas hospedeiras**: Várias culturas, incluindo soja, beterraba sacarina e batata.

o **Mecanismo de infeção**: Os nemátodos de quisto invadem as raízes das plantas e formam quistos cheios de ovos. Os locais de alimentação criados pelos nemátodos perturbam a absorção de nutrientes e de água pela planta.

o **Sintomas**: Amarelecimento das folhas, crescimento atrofiado, murcha e redução da produção.

o **Exemplo**: Heterodera glycines que afecta as plantas de soja.

Resumo das interações entre o agente patogénico e o hospedeiro

- **Agentes patogénicos bacterianos**: Utilizam proteínas efectoras e toxinas para manipular processos vegetais e causar doenças.
- **Patógenos fúngicos**: Penetram nos tecidos das plantas e formam estruturas para extrair nutrientes, causando frequentemente danos extensos.
- **Agentes patogénicos virais**: sequestram a maquinaria celular das plantas para se replicarem, provocando vários sintomas de mosaico e necrose.
- **Nemátodos patogénicos**: Invadem as raízes das plantas, formando galhas ou quistos que perturbam a absorção de nutrientes e de água, conduzindo a um crescimento atrofiado e à perda de rendimento.

A gestão eficaz das interações entre agentes patogénicos e hospedeiros implica a compreensão dos mecanismos de infeção e a aplicação de estratégias de gestão integrada das pragas (IPM), incluindo a rotação de culturas, variedades resistentes, agentes de controlo biológico e a utilização adequada de controlos químicos.

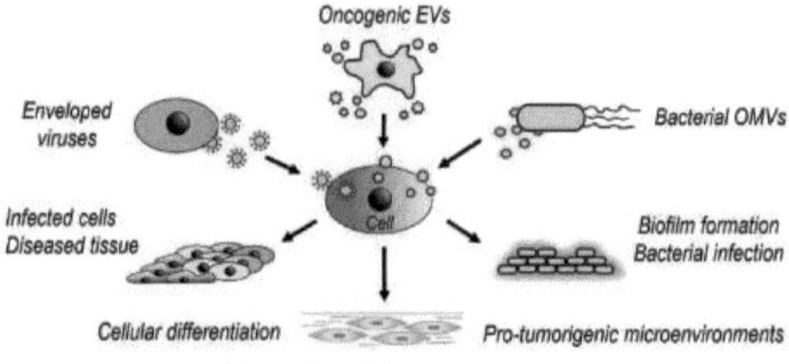

Figura 13. Interação entre os agentes patogénicos e o hospedeiro

8.3. Comunidades microbianas noutros habitats terrestres

As comunidades microbianas desempenham papéis vitais em vários habitats terrestres, para além dos solos agrícolas. Estas comunidades são essenciais para o ciclo de nutrientes, decomposição de matéria orgânica e manutenção da saúde do ecossistema. Aqui está uma visão geral das comunidades microbianas em diferentes habitats terrestres:

Solos florestais

Micróbios chave:

- **Bactérias**: Actinobactérias, Proteobactérias, Acidobactérias.
- **Fungos**: Fungos micorrízicos (e.g., fungos arbusculares e ectomicorrízicos), fungos

saprotróficos (e.g., Basidiomycota e Ascomycota).

Funções:

- **Ciclo de nutrientes**: Decomposição da folhagem e do material lenhoso, libertando nutrientes como o azoto, o fósforo e o carbono para o solo.
- **Simbiose**: Os fungos micorrízicos formam relações simbióticas com as raízes das árvores, melhorando a absorção de nutrientes e água.
- **Estrutura do solo**: As hifas fúngicas e os biofilmes bacterianos contribuem para a agregação e estabilidade do solo.

Importância:

- **Sequestro de carbono**: Os solos florestais actuam como importantes sumidouros de carbono, ajudando a mitigar as alterações climáticas.

- **Biodiversidade**: Uma diversidade microbiana rica contribui para a saúde e resiliência geral do ecossistema florestal.

Prados e pradarias

Micróbios chave:

- **Bactérias**: Proteobactérias, Firmicutes, Bacteroidetes.
- **Fungos**: Fungos micorrízicos arbusculares, fungos endofíticos.

Funções:

- **Decomposição**: Decomposição de resíduos vegetais e matéria orgânica, promovendo a fertilidade do solo.
- **Fixação do azoto**: As bactérias fixadoras de azoto, simbióticas e de vida livre, melhoram os níveis de azoto no solo.
- **Crescimento das plantas**: As associações micorrízicas aumentam a absorção de nutrientes e o crescimento das plantas.

Importância:

- **Fertilidade do solo**: A atividade microbiana mantém níveis elevados de matéria orgânica e nutrientes.
- **Serviços ecossistémicos**: Os prados prestam serviços ecossistémicos essenciais, como o pastoreio, a regulação da água e o habitat para a vida selvagem.

Solos do deserto

Micróbios chave:

- **Bactérias**: Cianobactérias, Actinobactérias, Firmicutes.
- **Fungos**: Fungos xerófilos (por exemplo, Aspergillus, Penicillium).

Funções:

- **Produção primária**: As cianobactérias e outros micróbios fotossintéticos contribuem para a produção primária em ambientes pobres em nutrientes.
- **Estabilidade do solo**: As crostas microbianas, formadas por cianobactérias, fungos e líquenes, estabilizam as superfícies do solo e reduzem a erosão.
- **Retenção de água**: Os exopolissacáridos microbianos aumentam a retenção de água no solo.

Importância:

- **Adaptação**: As comunidades microbianas nos desertos estão altamente adaptadas a condições extremas, como temperaturas elevadas, salinidade e baixa disponibilidade de água.
- **Equilíbrio do ecossistema**: As crostas microbianas apoiam os ecossistemas do deserto, evitando a erosão do solo e promovendo o ciclo de nutrientes.

Tundra e solos árcticos

Micróbios chave:

- **Bactérias**: Bactérias psicrófilas (que gostam de frio), incluindo membros de Proteobacteria e Actinobacteria.
- **Fungos**: Fungos adaptados ao frio, incluindo Basidiomycota e Ascomycota.

Funções:

- **Decomposição**: Taxas de decomposição lentas devido a temperaturas frias, levando à acumulação de matéria orgânica (turfa).
- **Ciclo de nutrientes**: Os micróbios desempenham um papel crucial no ciclo do azoto e do carbono em condições de baixa temperatura.
- **Produção de metano**: As archaea metanogénicas contribuem para as emissões de metano do degelo do permafrost.

Importância:

- **Alterações climáticas**: Os solos da tundra armazenam grandes quantidades de carbono. A atividade microbiana nestas regiões é sensível às alterações climáticas, podendo libertar o carbono armazenado sob a forma de gases com efeito de estufa.
- **Biodiversidade**: A diversidade microbiana nos solos da tundra sustenta a vida vegetal e animal adaptada aos ambientes frios.

Solos urbanos

Micróbios chave:

- **Bactérias**: Diversas comunidades influenciadas pela atividade humana, incluindo Proteobacteria, Actinobacteria e Firmicutes.
- **Fungos**: Fungos variados, muitas vezes influenciados por tipos de plantas e práticas de gestão do solo.

Funções:

- **Decomposição**: Decomposição de resíduos orgânicos e poluentes.
- **Bioremediação**: Os micróbios podem degradar poluentes e contaminantes, melhorando a qualidade do solo.
- **Ciclo de nutrientes**: Manutenção da fertilidade do solo em espaços verdes, jardins e quintas urbanas.

Importância:

- **Serviços ecossistémicos**: Os solos urbanos proporcionam espaços verdes, contribuem para a qualidade do ar e da água e apoiam a biodiversidade urbana.
- **Saúde pública**: As comunidades microbianas nos solos urbanos podem ter impacto na saúde pública, tanto de forma positiva, através de serviços ecossistémicos, como de forma negativa, através da potencial exposição a agentes patogénicos.

PARTE IV
Ecologia Microbiana Aplicada

Capítulo 9: Ecologia microbiana em ambientes associados ao ser humano

9.1. Microbioma humano

Microbiota intestinal

A microbiota intestinal refere-se à complexa comunidade de microrganismos que vivem no trato digestivo dos seres humanos e de outros animais. Estes microrganismos incluem bactérias, archaea, vírus e fungos, e desempenham papéis essenciais na manutenção da saúde. Aqui está um olhar aprofundado sobre a microbiota intestinal:

Composição do microbiota intestinal

Bactérias:

- **Filos dominantes**: Firmicutes, Bacteroidetes, Actinobacteria, Proteobacteria.
- **Géneros comuns**: Bacteroides, Clostridium, Lactobacillus, Bifidobacterium, Escherichia.

Archaea:

- **Metanogénicos**: Tais como Methanobrevibacter smithii, que estão envolvidos na produção de metano.

Vírus:

- **Bacteriófagos**: Vírus que infectam bactérias, influenciando as populações bacterianas e a transferência de genes.

Fungos:

- **Candida**: Um género de fungo comum no intestino, embora tipicamente em baixa abundância.

Funções do microbiota intestinal

Digestão e Metabolismo:

- **Fermentação de fibras**: As bactérias intestinais decompõem as fibras indigestas em ácidos gordos de cadeia curta (SCFAs) como o acetato, o propionato e o butirato, que fornecem energia às células do cólon e têm efeitos anti-inflamatórios.
- **Síntese de vitaminas**: Síntese de vitaminas essenciais, como a vitamina K e as vitaminas B (por exemplo, biotina, folato, B12).

Regulação do sistema imunitário:

- **Desenvolvimento**: A exposição precoce aos micróbios intestinais é crucial para o desenvolvimento do sistema imunitário.
- **Modulação**: O microbiota intestinal modula as respostas imunitárias, ajudando a distinguir entre agentes patogénicos nocivos e antigénios inofensivos.

Proteção contra agentes patogénicos:

- **Resistência à colonização**: Exclusão competitiva de bactérias patogénicas através da ocupação de nichos e da produção de substâncias antimicrobianas.

Saúde Metabólica:

- **Colheita de energia**: Repartição eficiente dos componentes da dieta, contribuindo para o equilíbrio energético global.
- **Produção de metabolitos**: Produção de metabolitos que influenciam o metabolismo do hospedeiro, tais como SCFAs e ácidos biliares.

Eixo intestino-cérebro:

- **Produção de neurotransmissores**: Síntese de neurotransmissores como a serotonina e o ácido gama-aminobutírico (GABA).

- **Comunicação**: Os micróbios intestinais comunicam com o cérebro através do nervo vago, da sinalização imunitária e da produção de metabolitos, afectando o humor e o comportamento.

Factores que influenciam o microbiota intestinal

Dieta:

- **Dietas ricas em fibras**: Promovem o crescimento de bactérias benéficas que produzem SCFAs.
- **Dietas com elevado teor de gordura e açúcar**: Pode levar à disbiose, um desequilíbrio na microbiota intestinal associado a vários problemas de saúde.

Antibióticos e medicamentos:

- **Antibióticos**: Podem perturbar a microbiota intestinal, reduzindo a diversidade e levando ao crescimento excessivo de estirpes resistentes.
- **Medicamentos**: Os medicamentos não antibióticos, como os inibidores da bomba de protões e os AINE, também podem afetar a composição do microbiota intestinal.

Idade:

- **Bebés**: A colonização inicial ocorre durante o nascimento e a primeira infância, influenciada por factores como o modo de parto (vaginal vs. cesariana) e a amamentação.
- **Adultos**: O microbiota intestinal torna-se mais estável, mas continua a ser influenciado pela dieta e pelo estilo de vida.
- **Idosos**: As alterações na dieta, saúde e função imunitária podem levar a alterações na microbiota intestinal.

Ambiente:

- **Higiene**: A exposição a diversos micróbios ambientais pode influenciar a diversidade do microbiota intestinal.
- **Geografia**: Diferentes regiões têm populações microbianas distintas devido a variações na dieta, estilo de vida e factores ambientais.

Implicações do microbiota intestinal para a saúde

Impactos positivos:

- **Saúde digestiva**: Uma microbiota intestinal equilibrada favorece uma digestão eficiente e a absorção de nutrientes.
- **Função imunitária**: Funcionamento adequado do sistema imunitário e prevenção de doenças inflamatórias.
- **Saúde mental**: Influência no humor e no comportamento através do eixo intestino-cérebro.

Impactos negativos (Disbiose):

- **Obesidade e distúrbios metabólicos**: Os desequilíbrios no microbiota intestinal estão ligados à obesidade, à resistência à insulina e à diabetes de tipo 2.
- **Doenças Inflamatórias Intestinais (DII)**: A disbiose está associada a doenças como a doença de Crohn e a colite ulcerosa.
- **Alergias e doenças auto-imunes**: A alteração da microbiota intestinal pode contribuir para o desenvolvimento de alergias e doenças auto-imunes.
- **Distúrbios de saúde mental**: A disbiose tem sido associada a doenças como a

depressão, ansiedade e perturbações do espetro do autismo.

Modulação do microbiota intestinal

Intervenções dietéticas:

Probióticos: Bactérias vivas benéficas que podem ser consumidas através de suplementos ou alimentos fermentados (por exemplo, iogurte, kefir, chucrute).

- **Prebióticos**: Fibras não digeríveis que promovem o crescimento de bactérias benéficas (por exemplo, inulina, fruto-oligossacáridos).
- **Sinbióticos**: Combinação de probióticos e prebióticos.

Mudanças no estilo de vida:

- **Exercício regular**: Promove uma microbiota intestinal saudável e diversificada.
- **Gestão do stress**: Reduz os impactos negativos na microbiota intestinal e na comunicação intestino-cérebro.

Intervenções médicas:

- **Transplante de microbiota fecal (FMT)**: Transferência de fezes de um dador saudável para um doente com disbiose grave, utilizada em casos como a infeção recorrente por Clostridium difficile.
- **Gestão de antibióticos**: Utilização cuidadosa de antibióticos para minimizar a perturbação da microbiota intestinal.

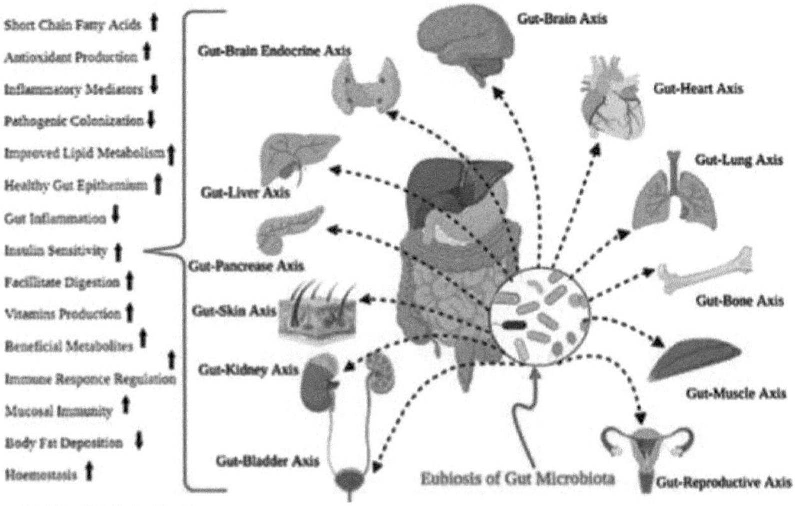

Figura 14. Microbiota **intestinal**

Microbiota da pele

A microbiota da pele refere-se à comunidade diversificada de microrganismos que residem na superfície da pele. Estes microorganismos incluem bactérias, fungos, vírus e ácaros. O microbiota da pele desempenha um papel crucial na manutenção da saúde da pele, na proteção contra agentes patogénicos e na modulação do sistema imunitário. Aqui está um olhar aprofundado sobre a microbiota da pele:

Composição do microbiota da pele

Bactérias:

- **Filos dominantes**: Actinobactérias, Firmicutes, Proteobactérias, Bacteroidetes.
- **Géneros comuns**: Staphylococcus, Corynebacterium, Propionibacterium (atualmente denominado Cutibacterium), Streptococcus.

Fungos:

- **Géneros comuns**: Malassezia, Candida, Aspergillus.

Vírus:

- **Bacteriófagos**: Vírus que infectam bactérias, influenciando as populações bacterianas.
- **Vírus humanos**: O HPV (papilomavírus humano) pode estar presente na pele.

Ácaros:

- **Demodex**: Ácaros microscópicos que vivem nos folículos pilosos e nas glândulas sebáceas.

Funções do microbiota da pele

Proteção contra agentes patogénicos:

- **Resistência à colonização**: Os micróbios benéficos competem com os potenciais agentes patogénicos por espaço e nutrientes.
- **Produção de antimicrobianos**: Produção de substâncias antimicrobianas (por exemplo, bacteriocinas) que inibem o crescimento de agentes patogénicos.

Modulação do sistema imunitário:

- **Resposta imunitária**: O microbiota da pele interage com as células imunitárias, promovendo uma resposta imunitária equilibrada e prevenindo a inflamação excessiva.
- **Função de barreira**: Melhoria da função de barreira da pele, reduzindo o risco de infeção.

Saúde e doença da pele:

- **Homeostasia**: Manutenção da homeostase da pele através da regulação do pH, da humidade e da produção de sebo.
- **Doenças inflamatórias da pele**: A disbiose (desequilíbrio) no microbiota da pele está associada a doenças como acne, eczema, psoríase e rosácea.

Factores que influenciam o microbiota da pele

Local do corpo:

- **Zonas secas**: Os antebraços e as pernas têm uma composição microbiana diferente das zonas húmidas ou oleosas.
- **Zonas húmidas**: As axilas, virilhas e entre os dedos dos pés têm maiores densidades de bactérias como Staphylococcus e Corynebacterium.
- **Zonas sebáceas (oleosas)**: O rosto, o peito e as costas são ricos em micróbios lipofílicos como a Cutibacterium acnes.

Idade:

- **Bebés**: O microbiota da pele desenvolve-se rapidamente após o nascimento, influenciado pelo modo de parto e pelo ambiente.
- **Adultos**: Comunidades microbianas mais estáveis, mas ainda influenciadas pelo estilo de vida e pelo ambiente.
- **Idosos**: As alterações na estrutura da pele e na função imunitária podem alterar a

composição microbiana.

Género:

- As diferenças na fisiologia da pele (por exemplo, níveis hormonais, produção de sebo) influenciam as comunidades microbianas.

Estilo de vida e higiene:

- **Práticas de higiene**: A utilização de sabonetes, champôs e outros produtos de higiene pessoal pode ter impacto no microbiota da pele.
- **Dieta**: O estado nutricional e a dieta podem influenciar indiretamente a saúde da pele e o microbiota.
- **Ambiente**: O clima, a poluição e a exposição à luz solar afectam o microbiota da pele.

Condições médicas e de saúde:

- **Doenças crónicas**: Doenças como a diabetes podem alterar o microbiota da pele.
- **Medicamentos**: A utilização de antibióticos e tratamentos tópicos pode perturbar o equilíbrio microbiano.

Microbiota da pele e problemas de saúde

Acne:

- **Desequilíbrio microbiano**: O crescimento excessivo de Cutibacterium acnes, juntamente com o aumento da produção de sebo, leva à inflamação e a lesões de acne.
- **Tratamento**: Os antibióticos tópicos e orais, os retinóides e as alterações do estilo de vida podem ajudar a gerir a acne.

Eczema (Dermatite Atópica):

- **Disbiose**: A diversidade reduzida do microbiota da pele e o aumento da colonização por Staphylococcus aureus estão associados a crises de eczema.
- **Tratamento**: Os hidratantes, os corticosteróides tópicos e os probióticos podem ajudar a restaurar o equilíbrio microbiano.

Psoríase:

- **Doença inflamatória**: Caracterizada por manchas vermelhas e escamosas na pele, a psoríase está ligada a alterações no microbiota da pele e à desregulação imunitária.
- **Terapias**: Incluem tratamentos tópicos, fototerapia e produtos biológicos.

Rosácea:

- **Ácaros Demodex**: O crescimento excessivo dos ácaros Demodex e das bactérias associadas pode desencadear inflamação e sintomas de rosácea.
- **Tratamento**: Inclui antibióticos tópicos e orais e, nalguns casos, tratamentos anti-ácaros.

Cicatrização de feridas:

- **Envolvimento microbiano**: O microbiota da pele pode influenciar os processos de cicatrização de feridas. A disbiose pode levar a feridas crónicas que não cicatrizam.
- **Probióticos e antimicrobianos**: A utilização orientada de probióticos e agentes antimicrobianos pode promover a cicatrização e prevenir infecções.

Modulação do microbiota da pele

Probióticos tópicos:

- **Aplicação**: Os probióticos aplicados diretamente na pele podem ajudar a restaurar o equilíbrio microbiano e a melhorar a saúde da pele.

- **Benefícios**: Redução da inflamação, melhoria da função de barreira da pele e proteção contra agentes patogénicos.

Prebióticos:

- **Função**: Ingredientes que promovem o crescimento de micróbios benéficos na pele.
- **Fontes**: Encontrado em certos produtos de cuidados da pele formulados com ingredientes prebióticos.

Alterações no estilo de vida e na alimentação:

- **Dieta equilibrada**: Uma nutrição adequada apoia a saúde geral da pele e a microbiota.
- **Estilo de vida saudável**: O exercício regular, a gestão do stress e um sono adequado contribuem para uma microbiota cutânea saudável.

Práticas de higiene:

- **Limpeza suave**: Evitar sabonetes agressivos e produtos químicos que podem perturbar o equilíbrio microbiano natural da pele.
- **Moderação**: A lavagem excessiva ou a utilização de produtos em excesso pode retirar à pele os seus óleos naturais e micróbios benéficos.

Microbiota oral

O microbiota oral, também conhecido como microbioma oral, é a comunidade de microrganismos que residem na cavidade oral. Este ecossistema diversificado inclui bactérias, fungos, vírus e archaea, e desempenha um papel crucial na manutenção da saúde oral, auxiliando a digestão e protegendo contra agentes patogénicos. Aqui está um olhar aprofundado sobre a microbiota oral:

Composição do microbiota oral

Bactérias:

- **Filos dominantes**: Firmicutes, Proteobacteria, Actinobacteria, Bacteroidetes, Fusobacteria.
- **Géneros comuns**: Streptococcus, Veillonella, Actinomyces, Prevotella, Fusobacterium, Neisseria, Haemophilus.

Fungos:

- **Géneros comuns**: Candida, Aspergillus, Cladosporium.

Vírus:

- **Bacteriófagos**: Vírus que infectam bactérias, influenciando as populações bacterianas.
- **Vírus humanos**: Vírus do herpes simplex (HSV), papilomavírus humano (HPV).

Archaea:

- **Metanogénicos**: Tais como Methanobrevibacter oralis, que estão envolvidos na produção de metano.

Funções do microbiota oral

Manutenção da saúde oral:

- **Formação de biofilme**: As bactérias formam biofilmes (placa dentária) que protegem os dentes e as gengivas, mas também podem levar a doenças dentárias se estiverem em desequilíbrio.
- **Regulação do pH**: Os micróbios produzem ácidos e bases, ajudando a manter um pH estável na boca.

Proteção contra agentes patogénicos:

- **Exclusão competitiva**: Os micróbios benéficos competem com os potenciais agentes patogénicos por espaço e nutrientes.
- **Produção de antimicrobianos**: Produção de substâncias antimicrobianas (por exemplo, bacteriocinas) que inibem o crescimento de agentes patogénicos.

Digestão e Metabolismo:

- **Digestão inicial**: As enzimas salivares e a atividade microbiana iniciam a decomposição dos hidratos de carbono e das proteínas.
- **Produção de Metabolitos**: O metabolismo microbiano produz ácidos gordos de cadeia curta e outros compostos benéficos para a saúde oral e sistémica.

Modulação do sistema imunitário:

- **Resposta imunitária**: Os micróbios orais interagem com as células imunitárias na mucosa oral, promovendo uma resposta imunitária equilibrada e prevenindo a inflamação excessiva.

Factores que influenciam o microbiota oral

Dieta:

- **Açúcares e hidratos de carbono**: A ingestão elevada de açúcar pode promover o crescimento de bactérias acidogénicas como o Streptococcus mutans, levando a cáries dentárias.
- **Fibras e polifenóis**: As dietas ricas em fibras e polifenóis apoiam uma microbiota oral diversificada e equilibrada.

Higiene oral:

- **Escovagem e uso do fio dental**: As práticas regulares de higiene oral ajudam a controlar a formação de biofilme e a evitar o crescimento excessivo de bactérias nocivas.
- **Colutórios**: Pode reduzir a carga microbiana, mas também pode perturbar o equilíbrio dos micróbios benéficos.

Saliva:

- **Fluxo e composição**: A saliva fornece nutrientes e enzimas, mantém o pH e contém péptidos antimicrobianos que influenciam as comunidades microbianas.

Idade:

- **Bebés**: O microbiota oral desenvolve-se após o nascimento, influenciado pelo modo de parto (vaginal vs. cesariana), amamentação e introdução de alimentos sólidos.
- **Adultos**: Comunidades microbianas mais estáveis, mas influenciadas pela dieta, estilo de vida e higiene oral.
- **Idosos**: As alterações na dieta, saúde e produção de saliva podem alterar a composição microbiana.

Condições médicas e de saúde:

- **Doenças crónicas**: Doenças como a diabetes e distúrbios imunitários podem afetar o microbiota oral.
- **Medicamentos**: Os antibióticos, imunossupressores e outros medicamentos podem perturbar o equilíbrio microbiano.

Ambiente:

- **Tabaco e álcool**: O consumo de tabaco e álcool afecta negativamente a microbiota oral, aumentando o risco de doenças orais.

- **Stress**: O stress crónico pode influenciar a saúde oral e a composição microbiana.

Microbiota oral e problemas de saúde

Cárie dentária (deterioração dos dentes):

- **Micróbios patogénicos**: As espécies de Streptococcus mutans e Lactobacillus produzem ácidos a partir do metabolismo do açúcar, levando à desmineralização do esmalte e a cáries.
- **Prevenção**: Uma boa higiene oral, o uso de flúor e a redução do consumo de açúcar podem ajudar a prevenir as cáries.

Doença periodontal:

- **Desequilíbrio microbiano**: O crescimento excessivo de bactérias patogénicas como Porphyromonas gingivalis, Tannerella forsythia e Treponema denticola leva à inflamação e destruição dos tecidos.
- **Controlo**: Inclui destartarização e alisamento radicular, tratamentos antimicrobianos e manutenção de uma boa higiene oral.

Candidíase oral:

- **Fungos Crescimento excessivo**: As espécies de Candida podem crescer demasiado, especialmente em
indivíduos imunocomprometidos, provocando manchas brancas e desconforto.
- **Tratamento**: Medicamentos antifúngicos e melhoria da higiene oral.

Halitose (mau hálito):

- **Compostos voláteis**: Certas bactérias produzem compostos de enxofre voláteis (VSCs) que causam mau hálito.
- **Controlo**: Boa higiene oral, bochechos e tratamento das doenças subjacentes.

Cancro oral:

- **Influência microbiana**: A inflamação crónica e certas infecções microbianas (por exemplo, HPV) podem contribuir para o desenvolvimento de cancros orais.
- **Prevenção**: Fazer check-ups dentários regulares, evitar o tabaco e o álcool em excesso e manter uma boa higiene oral.

Modulação do microbiota oral

Probióticos:

- **Aplicação**: Os suplementos probióticos ou os alimentos que contêm probióticos (por exemplo, iogurte, queijo) podem apoiar um equilíbrio saudável da microbiota oral.
- **Benefícios**: Redução das bactérias patogénicas, melhoria da saúde oral e prevenção de doenças orais.

Prebióticos:

- **Função**: Fibras não digeríveis que promovem o crescimento de micróbios benéficos.
- **Fontes**: Encontrado em certos alimentos e produtos de higiene oral formulados com ingredientes prebióticos.

Alterações na dieta:

- **Redução da ingestão de açúcar**: Limitar o consumo de alimentos e bebidas açucarados reduz o risco de cáries dentárias e contribui para uma microbiota equilibrada.
- **Dieta equilibrada**: A inclusão de uma variedade de frutas, legumes e cereais integrais

contribui para a saúde oral e sistémica geral.

Práticas de higiene oral:

- **Escovagem regular e uso do fio dental**: Essencial para remover a placa bacteriana e prevenir o crescimento excessivo de bactérias nocivas.
- **Cuidados dentários profissionais**: Os check-ups e as limpezas dentárias regulares ajudam a manter a saúde oral e a monitorizar o equilíbrio microbiano.

9.2. Comunidades microbianas em edifícios hospitalares

As comunidades microbianas em ambientes hospitalares construídos são complexas e diversas, influenciadas por factores como a população de doentes, as actividades de cuidados de saúde e a conceção do edifício. Estas comunidades microbianas incluem bactérias, fungos, vírus e archaea, e podem afetar significativamente a saúde dos doentes e as práticas de controlo de infecções. Aqui está um olhar aprofundado sobre as comunidades microbianas nos hospitais:

Composição das comunidades microbianas hospitalares

Bactérias:

- **Géneros comuns**: Staphylococcus (incluindo MRSA), Pseudomonas, Acinetobacter, Klebsiella, Enterococcus, Escherichia.
- **Estirpes patogénicas**: Staphylococcus aureus resistente à meticilina (MRSA), Clostridium difficile, Enterococos resistentes à vancomicina (VRE).

Fungos:

- **Géneros comuns**: Candida, Aspergillus, Penicillium.
- **Estirpes patogénicas**: Candida albicans, Aspergillus fumigatus.

Vírus:

- **Agentes patogénicos comuns**: vírus da gripe, norovírus, vírus sincicial respiratório (VSR), coronavírus (por exemplo, SARS-CoV-2).

Archaea:

- **Presença**: Menos estudada, mas pode ser encontrada em vários ambientes hospitalares.

Factores que influenciam as comunidades microbianas nos hospitais

População de doentes:

- **Diversidade**: Os hospitais recebem uma vasta gama de doentes com diferentes condições de saúde, o que leva a uma presença microbiana diversificada.
- **Carga patogénica**: Maior prevalência de microrganismos patogénicos e resistentes a medicamentos devido a infecções e tratamentos.

Actividades de cuidados de saúde:

- **Procedimentos invasivos**: As cirurgias, a inserção de cateteres e outros procedimentos invasivos podem introduzir e disseminar agentes patogénicos.
- **Utilização de antibióticos**: A utilização frequente de antibióticos leva a uma pressão selectiva, promovendo o crescimento de estirpes resistentes.

Conceção de edifícios e ambiente:

- **Materiais de superfície**: Diferentes materiais (por exemplo, aço inoxidável, plástico, tecido) têm diferentes capacidades para albergar micróbios.
- **Sistemas de ventilação**: O fluxo de ar e a filtragem afectam a distribuição dos micróbios

transportados pelo ar.

- **Humidade e temperatura**: As condições ambientais podem influenciar a sobrevivência e o crescimento microbiano.

Práticas de limpeza e desinfeção:

- **Frequência e métodos**: Uma limpeza regular e eficaz reduz a carga microbiana, mas pode também selecionar estirpes resistentes.
- **Desinfectantes**: O tipo e a concentração dos desinfectantes têm impacto nas comunidades microbianas.

Implicações para a saúde das comunidades microbianas hospitalares

Infecções hospitalares (IACS):

- **Infecções comuns**: Infecções do local cirúrgico, infecções do trato urinário, infecções respiratórias, infecções da corrente sanguínea.
- **Agentes patogénicos**: MRSA, C. difficile, VRE, bactérias Gram-negativas multirresistentes.

Resistência antimicrobiana (RAM):

- **Pressão selectiva**: A elevada utilização de antibióticos promove o aparecimento e a propagação de estirpes resistentes.
- **Transmissão**: Os agentes patogénicos resistentes podem ser transmitidos entre os doentes, os profissionais de saúde e o ambiente.

Desafios do controlo de infecções:

- **Reservatórios ambientais**: Os micróbios podem persistir em superfícies, equipamentos e no ar, representando riscos contínuos.
- **Portadores assintomáticos**: Os doentes e os profissionais de saúde podem ser portadores e disseminar agentes patogénicos sem apresentarem sintomas.

Estratégias de gestão das comunidades microbianas hospitalares

Protocolos de limpeza melhorados:

- **Desinfeção regular**: Utilização de desinfectantes eficazes em superfícies e equipamentos de elevado contacto.
- **Luz UV e vapor de peróxido de hidrogénio**: Tecnologias avançadas para a descontaminação de salas e equipamentos.

Gestão de antimicrobianos:

- **Utilização racional de antibióticos**: implementação de diretrizes para minimizar a utilização desnecessária de antibióticos.
- **Monitorização e vigilância**: Acompanhamento dos padrões de resistência aos antibióticos para informar as decisões de tratamento.

Práticas de Controlo de Infeção:

- **Higiene das mãos**: Promover a lavagem regular e correta das mãos entre o pessoal e os doentes.
- **Protocolos de isolamento**: Isolamento de doentes infectados ou colonizados para evitar a transmissão cruzada.
- **Equipamento de proteção individual (EPI)**: Assegurar a utilização adequada de luvas, máscaras, batas e outros EPI.

Conceção ambiental:

- **Materiais de superfície**: Utilizar superfícies e materiais antimicrobianos que sejam fáceis de limpar.
- **Ventilação**: Conceção de sistemas AVAC eficazes para reduzir a transmissão aérea.
- **Disposição da divisão**: Minimizar as áreas onde o pó e os micróbios se podem acumular.

Investigação e monitorização do microbioma:

- **Amostragem microbiana**: Amostragem regular do ar, superfícies e água para monitorizar as comunidades microbianas.
- **Análise genómica**: Utilização de tecnologias de sequenciação para identificar e rastrear agentes patogénicos e genes de resistência.
- **Probióticos e Biocontrolo**: Explorando a utilização de micróbios benéficos para superar os agentes patogénicos.

Estudos de caso e exemplos

Controlo de MRSA:

- **Intervenções**: Protocolos de descolonização (por exemplo, pomada de mupirocina), limpeza reforçada e rastreio dos doentes e do pessoal.
- **Resultados**: Redução das taxas de infeção por MRSA com medidas abrangentes de controlo de infecções.

C. difficile Gestão:

- **Limpeza ambiental**: Utilização de agentes esporicidas para eliminar os esporos das superfícies.
- **Gestão de antibióticos**: Reduzir a utilização de antibióticos de largo espetro associados à infeção por C. difficile.
- **Transplante de microbiota fecal (FMT)**: Restaurar a microbiota intestinal saudável em pacientes com infecções recorrentes.

9.3. Comunidades microbianas em edifícios residenciais

As comunidades microbianas nos edifícios residenciais são diversas e dinâmicas, consistindo em vários microrganismos que habitam as superfícies interiores, o ar e a água. Estas comunidades podem ter um impacto significativo na qualidade do ar interior, na saúde humana e nas condições ambientais gerais das habitações. Aqui está uma exploração detalhada das comunidades microbianas em edifícios residenciais:

Composição das comunidades microbianas

Bactérias:

. **Fontes comuns**: Pele humana, gotículas respiratórias, ar exterior, animais de estimação e superfícies domésticas.

. **Géneros comuns**: Staphylococcus, Streptococcus, Bacillus, Pseudomonas, Acinetobacter, Escherichia coli.

Fungos:

- **Fontes comuns**: Ar exterior, solo, plantas, materiais de construção e superfícies interiores.
- **Géneros comuns**: Aspergillus, Penicillium, Cladosporium, Alternaria, Candida.

Vírus:

- **Fontes comuns**: Ocupantes humanos, animais de estimação, superfícies contaminadas.
- **Tipos**: Vírus respiratórios (por exemplo, gripe, rinovírus), vírus entéricos (por exemplo, norovírus).

Archaea:

- **Presença**: Tipicamente encontrado em ambientes anaeróbicos, tais como sistemas de canalização e fontes de água.

Factores que influenciam as comunidades microbianas

1. **Ocupação humana e actividades**:

- **Libertação microbiana**: Os seres humanos libertam constantemente microrganismos da pele, do trato respiratório e do trato gastrointestinal.
- **Influência da atividade**: As práticas de cozinha, limpeza e higiene pessoal afectam a dispersão microbiana e a composição da comunidade.

2. **Materiais de construção e superfícies**:

. **Tipos de materiais**: Diferentes materiais (por exemplo, madeira, alcatifa, azulejo, plástico) proporcionam diversos habitats para o crescimento microbiano.

- **Retenção de humidade**: Os materiais porosos podem abrigar humidade, promovendo o crescimento de fungos (por exemplo, paredes de gesso, alcatifas).

3. **Condições ambientais interiores**:

- **Temperatura e humidade**: As condições ideais variam consoante o microrganismo; uma humidade elevada pode favorecer o crescimento de bolores.
- **Ventilação**: Os sistemas AVAC e a ventilação natural influenciam a dispersão microbiana e a qualidade do ar interior.

4. **Animais de estimação e animais selvagens**:

- **Contributo**: Os animais de estimação introduzem as suas próprias comunidades microbianas, afectando a diversidade dos espaços interiores.
- **Vida selvagem**: As infestações de pragas (por exemplo, roedores, insectos) podem introduzir agentes patogénicos e micróbios diversos.

5. **Práticas de limpeza**:

- **Desinfeção**: A utilização de agentes antimicrobianos pode alterar as comunidades microbianas e selecionar estirpes resistentes.
- **Limpeza regular**: A limpeza de rotina reduz a carga microbiana, mas pode afetar a diversidade microbiana.

6. **Localização geográfica e variabilidade sazonal**:

- **Ambiente local**: As comunidades microbianas exteriores influenciam o microbiota interior através da ventilação e das actividades dos ocupantes.
- **Mudanças sazonais**: Diferentes microrganismos desenvolvem-se em diferentes condições ambientais (por exemplo, temperaturas mais quentes e maior humidade no verão).

Implicações para a saúde

1. **Qualidade do ar interior**:

- **Alergénios e Irritantes**: Os esporos de fungos, o pólen e os ácaros do pó podem exacerbar as alergias e as doenças respiratórias.

- **Compostos orgânicos voláteis (COV)**: Produzidos por micróbios e materiais de construção, influenciando a qualidade do ar interior.

2. **Saúde respiratória**:

- **Asma e alergias**: O bolor, os ácaros e o pelo dos animais de estimação podem desencadear ataques de asma e reacções alérgicas.
- **Doenças infecciosas**: Os vírus respiratórios e as bactérias podem propagar-se através do ar interior e das superfícies.

3. **Saúde da pele**:

- **Dermatites e infecções**: O contacto com determinados micróbios pode provocar infecções cutâneas ou agravar doenças dermatológicas.

4. **Qualidade da água**:

- **Biofilmes**: Formados em sistemas de canalização, podem abrigar agentes patogénicos e afetar a qualidade da água.
- **Legionella**: Bactéria encontrada nos sistemas de água, potencialmente causadora de infecções respiratórias graves.

Estratégias de gestão e controlo

1. **Práticas de higiene em interiores**:

- **Limpeza regular**: Visar as superfícies de toque intenso e as áreas propensas à acumulação de humidade (por exemplo, casas de banho, cozinhas).
- **Ventilação**: Melhorar a circulação do ar e manter os sistemas de AVAC para reduzir a humidade e os contaminantes transportados pelo ar.

2. **Controlo da humidade**:

- **Desumidificação**: Manter os níveis de humidade interior abaixo dos 50% para desencorajar o crescimento de bolores.
- **Fugas e condensação**: Resolver prontamente as fugas de água e a condensação para evitar a proliferação de bolores e bactérias.

3. **Gestão Integrada das Pragas (IPM)**:

- **Prevenção**: Vedação dos pontos de entrada e utilização de métodos não químicos para deter as pragas, reduzindo a introdução microbiana.

4. **Higiene pessoal**:

- **Lavagem das mãos**: Praticar uma boa higiene para minimizar a propagação de agentes patogénicos e reduzir a contaminação microbiana em espaços interiores.

5. **Educação e sensibilização**:

- **Educação dos ocupantes**: Informar os residentes sobre a qualidade do ar interior, as práticas de higiene e a importância de manter um ambiente limpo.

Conclusão

Compreender e gerir as comunidades microbianas nos edifícios residenciais é crucial para manter a qualidade do ar interior e promover a saúde dos ocupantes. Através da implementação de práticas de limpeza eficazes, do controlo dos níveis de humidade e da melhoria da ventilação, os proprietários podem atenuar os riscos associados aos micróbios de interior e criar ambientes de vida mais saudáveis. A monitorização regular e a adaptação às mudanças sazonais e ambientais contribuem ainda mais para a manutenção de uma microbiota interior equilibrada.

9.4. Comunidades microbianas em edifícios industriais e estratégicos

As comunidades microbianas em edifícios industriais e estratégicos podem variar significativamente consoante o tipo de indústria, a conceção do edifício, os processos operacionais e as condições ambientais. Estes edifícios albergam frequentemente ecossistemas microbianos únicos influenciados pelas actividades de fabrico, pelos materiais utilizados e pelas interações humanas. Aqui está uma exploração das comunidades microbianas em edifícios industriais e estratégicos:

Tipos de edifícios industriais

1. **Instalações de fabrico**:

o **Fábricas de processamento de alimentos**: Envolvem o manuseamento de matérias-primas, a produção de alimentos e a embalagem.

o **Instalações farmacêuticas**: Fabrico de medicamentos e produtos farmacêuticos em condições de higiene rigorosas.

o **Fábricas de produtos químicos**: Produzem produtos químicos, solventes e outros produtos industriais.

2. **Centros de investigação e desenvolvimento**:

o **Laboratórios de biotecnologia**: Realizam investigação sobre engenharia genética, produtos farmacêuticos e dispositivos médicos.

o **Centros de desenvolvimento tecnológico**: Envolver-se na inovação e no desenvolvimento de novos produtos e tecnologias.

3. **Logística e armazenamento**:

o **Centros de distribuição**: Tratam do armazenamento, embalagem e distribuição de mercadorias.

o **Armazéns**: Armazenam matérias-primas, bens em processamento e produtos acabados.

Composição das comunidades microbianas

Bactérias:

- **Géneros comuns**: Bacillus, Pseudomonas, Escherichia, Enterobacter, Listeria (no processamento de alimentos), Staphylococcus (em produtos farmacêuticos).

Fungos:

- **Géneros comuns**: Aspergillus, Penicillium, Candida, Fusarium (especialmente no processamento de alimentos e em ambientes húmidos).

Vírus:

- **Contaminantes potenciais**: Vírus entéricos (p. ex., norovírus), vírus respiratórios (p. ex., influenza), bacteriófagos.

Archaea:

- **Presença**: Normalmente, menos estudada, mas pode ser encontrada em processos industriais especializados (por exemplo, digestores anaeróbios no tratamento de águas residuais).

Factores que influenciam as comunidades microbianas

1. **Tipo de indústria e processos**:

o **Matérias-primas**: Os micróbios associados às matérias-primas podem influenciar as comunidades microbianas.

o **Processos de produção**: As técnicas de fabrico e os protocolos de higiene específicos afectam a presença microbiana.

2. **Conceção de edifícios e infra-estruturas**:

o **Materiais de superfície**: Diferentes materiais de construção (por exemplo, aço inoxidável, betão, plástico) influenciam a aderência e o crescimento microbiano.

o **Sistemas de ventilação**: A conceção do sistema AVAC tem impacto na qualidade do ar interior e na dispersão microbiana.

3. **Condições de funcionamento**:

o **Temperatura e humidade**: O controlo das condições ambientais afecta as taxas de crescimento microbiano.

o **Práticas de limpeza e saneamento**: Protocolos rigorosos de limpeza e desinfeção têm impacto nas comunidades microbianas.

4. **Práticas profissionais**:

o **Interações humanas**: As práticas de higiene e os movimentos dos empregados podem introduzir e dispersar micróbios.

o **Equipamento de proteção individual (EPI)**: A utilização de EPI afecta a exposição e a contaminação microbiana.

5. **Gestão de resíduos e sistemas hídricos**:

o **Tratamento de águas residuais**: As comunidades microbianas em sistemas de águas residuais podem influenciar a diversidade microbiana em ambientes fechados.

o **Torres de arrefecimento**: Potenciais reservatórios de Legionella e outras bactérias.

Considerações sobre saúde e segurança

- **Saúde ocupacional**: Os trabalhadores podem estar expostos a riscos profissionais, tais como contaminantes transportados pelo ar e bioaerossóis.
- **Segurança dos produtos**: Os contaminantes microbianos podem afetar a qualidade e a segurança dos produtos nas indústrias de processamento de alimentos e farmacêutica.
- **Conformidade regulamentar**: As indústrias devem cumprir as normas e regulamentos de higiene para garantir a saúde e segurança públicas.

Estratégias de gestão

1. **Higiene e saneamento**:

o **Sistemas de limpeza no local (CIP)**: Sistemas de limpeza automatizados para equipamentos e instalações.

o **Protocolos de desinfeção**: Utilização de desinfectantes e higienizadores para controlar o crescimento microbiano.

2. **Monitorização ambiental**:

o **Amostragem microbiana**: Monitorização regular do ar, das superfícies e da água quanto à contaminação microbiana .

o **Métodos de deteção rápida**: Implementação de testes microbiológicos rápidos para uma intervenção atempada.

3. **Formação dos trabalhadores**:

o **Práticas de higiene**: Formação sobre lavagem adequada das mãos, utilização de EPI e controlo da contaminação.

o **Programas de sensibilização**: Educar os funcionários sobre a importância da higiene e do controlo microbiano.

4. **Conceção e manutenção de edifícios**:

o **Sistemas de ventilação**: Otimização dos sistemas HVAC para uma circulação e filtragem eficientes do ar.

o **Materiais de superfície**: Utilizar materiais e revestimentos antimicrobianos, quando aplicável.

5. **Avaliação e gestão de riscos**:

o **Análise de Perigos e Pontos Críticos de Controlo (HACCP)**: Identificar e mitigar os perigos microbianos no processamento de alimentos.

o **Garantia de qualidade**: Implementação de medidas de controlo de qualidade para garantir a integridade do produto.

9.5. Implicações

As comunidades microbianas têm profundas implicações para a saúde humana, a ecologia das doenças e a biotecnologia microbiana em vários ambientes, incluindo lares, hospitais e ambientes industriais. A compreensão destas implicações ajuda a desenvolver estratégias para promover a saúde, prevenir doenças e aproveitar as capacidades microbianas para aplicações benéficas. Aqui está um olhar abrangente sobre estes aspectos:

Implicações para a saúde humana

1. **Microbial Diversity and Health (Diversidade microbiana e saúde)**:

o **Microbiota intestinal**: Influencia a digestão, o metabolismo, a função imunitária e a suscetibilidade a doenças como a obesidade, a diabetes e as doenças auto-imunes.

o **Microbiota da pele**: Mantém a função de barreira da pele, protege contra agentes patogénicos e influencia condições dermatológicas como o acne e o eczema.

o **Microbiota oral**: Impacto na saúde oral, incluindo cáries dentárias, doença periodontal e condições sistémicas como a doença cardiovascular.

2. **Agentes patogénicos microbianos**:

o **Infecções adquiridas no hospital (IACS)**: Os micróbios patogénicos em ambientes de cuidados de saúde contribuem para infecções resistentes a antibióticos (por exemplo, MRSA, C. difficile).

o **Infecções adquiridas na comunidade**: Transmissão de vírus respiratórios (por exemplo, gripe, COVID-19) e de agentes patogénicos gastrointestinais (por exemplo, norovírus).

3. **Resistência antimicrobiana (RAM)**:

o **Impacto**: A utilização excessiva de antibióticos nos cuidados de saúde e na agricultura leva ao aparecimento de agentes patogénicos resistentes, limitando as opções de tratamento.

o **Abordagem de uma só saúde**: Abordar a resistência antimicrobiana através de esforços integrados nos domínios da saúde humana, da saúde animal e da proteção do ambiente.

Ecologia das doenças

1. **Ecologia e transmissão microbiana**:

o **Reservatórios ambientais**: Os habitats naturais e os ambientes construídos servem de reservatórios para os agentes patogénicos, influenciando os surtos de doenças.

o **Doenças zoonóticas**: Transmissão inter-espécies de agentes patogénicos (por exemplo, vírus da gripe, coronavírus) de animais para seres humanos.

2. **Doenças Infecciosas Emergentes (EIDs)**:

o **Factores**: As alterações climáticas, a urbanização, as viagens e a globalização contribuem para o aparecimento e a propagação de novos agentes patogénicos.

o **Vigilância e preparação**: A deteção precoce, a resposta rápida e a cooperação global são fundamentais para a gestão das EID (por exemplo, vírus Zika, Ébola).

3. **Interações microbianas**:

o **Interações entre agentes patogénicos e hospedeiros**: A compreensão dos mecanismos da patogénese microbiana e da resposta imunitária do hospedeiro permite a prevenção e o tratamento de doenças.

o **Disbiose do microbioma**: Desequilíbrios nas comunidades microbianas (por exemplo, disbiose intestinal) associados a várias doenças crónicas e condições inflamatórias.

Biotecnologia microbiana

1. **Bioremediação e sustentabilidade ambiental**:

o **Degradação microbiana**: Utilização de micróbios para decompor os poluentes (por exemplo, derrames de petróleo, resíduos industriais) e restaurar a qualidade ambiental.

o **Ciclo Biogeoquímico**: Os micróbios desempenham papéis-chave no ciclo de nutrientes (por exemplo, fixação de azoto, sequestro de carbono) essenciais para a saúde do ecossistema.

2. **Aplicações industriais**:

o **Bioprodução**: Fermentação microbiana e biotecnologia para a produção de produtos farmacêuticos, biocombustíveis, enzimas e plásticos biodegradáveis.

o **Bioreactores**: Comunidades microbianas concebidas para otimizar os processos de produção e reduzir o impacto ambiental.

3. **Inovações biomédicas**:

o **Probióticos e prebióticos**: Manipulação do microbiota para fins terapêuticos (por exemplo, saúde gastrointestinal, modulação imunitária).

o **Terapêutica microbiana**: Desenvolvimento de terapia com bacteriófagos, transplante de microbiota (por exemplo, transplante de microbiota fecal) e abordagens de medicina personalizada.

Direcções e desafios futuros

1. **Medicina de precisão**:

o **Caracterização do microbioma**: Tecnologias avançadas (por exemplo, metagenómica, metabolómica) para diagnósticos e tratamentos personalizados.

o **Engenharia do microbioma**: Modificação das comunidades microbianas para melhorar os resultados em termos de saúde e tratar doenças específicas.

2. **Segurança sanitária mundial**:

o **Preparação para pandemias**: Reforço dos sistemas de saúde, das redes de vigilância e da cooperação internacional para atenuar as ameaças globais à saúde.

- **Abordagem de uma só saúde**: Integrar a saúde humana, a saúde animal e a saúde ambiental para enfrentar desafios microbianos interligados.

3. **Considerações éticas e regulamentares**:

- **Manipulação microbiana**: Equilíbrio entre benefícios e riscos da manipulação de comunidades microbianas para fins terapêuticos, agrícolas e ambientais.
- **Privacidade dos dados**: Garantir práticas éticas na investigação do microbioma e proteger os dados de saúde individuais.

Capítulo 10: Métodos em Ecologia Microbiana

10.1. Procedimentos de amostragem

Com certeza! Seguem-se procedimentos pormenorizados para a recolha de amostras de comunidades microbianas em diferentes ambientes - solo, água e ar:

Procedimento de amostragem do solo

1. **Preparação do equipamento**:

o Reúna ferramentas de amostragem limpas: corer ou trado de solo, espátula, luvas e recipientes de amostra esterilizados.

o Assegurar que os instrumentos são esterilizados ou limpos para evitar a contaminação cruzada entre amostras.

2. **Seleção do local**:

o Identificar os locais de amostragem com base nos objectivos do estudo, assegurando uma cobertura representativa da área de interesse.

o Considerar factores como o historial de utilização da terra, a cobertura vegetal e as caraterísticas do solo (por exemplo, textura, pH).

3. **Método de amostragem**:

o **Amostragem composta**: Dividir a área em grelhas ou zonas. Recolher várias subamostras de cada zona (por exemplo, 5-10 subamostras por zona).

o **Amostragem específica por profundidade**: Determinar as profundidades de amostragem (por exemplo, 0-10 cm, 10-20 cm) com base nas necessidades de investigação.

o Utilize o corer ou o trado para recolher núcleos ou amostras de solo de cada local e profundidade designados.

4. **Recolha de amostras**:

o Remover quaisquer detritos superficiais ou vegetação da área de amostragem.

o Introduzir o corer ou o trado verticalmente no solo até à profundidade desejada.

o Extrair o núcleo do solo com cuidado para evitar misturá-lo com os detritos da superfície ou com o solo circundante.

o Recolher a amostra de solo num recipiente esterilizado, assegurando uma perturbação mínima da estrutura do solo.

5. **Preservação de amostras**:

o Rotular cada contentor de amostras com a localização, profundidade e data/hora da recolha.

o Fechar bem os recipientes para evitar a contaminação ou a perda de humidade.

o Armazenar as amostras num local fresco e escuro ou em gelo durante o transporte para o laboratório.

6. **Controlos de campo**:

o Colher amostras em branco (recipientes esterilizados expostos ao ambiente de amostragem, mas não cheios de solo) para monitorizar a contaminação.

o Registar as condições ambientais (por exemplo, temperatura, humidade) e quaisquer observações relevantes para o local de amostragem.

Procedimento de amostragem de água

1. **Preparação do equipamento**:

o Reúna frascos de amostragem limpos (esterilizados, se necessário), vara ou linha de amostragem, luvas e rótulos.

o Assegurar que todo o equipamento é esterilizado ou devidamente limpo antes de ser utilizado.

2. **Seleção do local de amostragem**:

o Escolha os pontos de amostragem com base nos objectivos do estudo, tendo em conta o fluxo de água, a profundidade e as potenciais fontes de contaminação.

o Evitar zonas afectadas por escoamento, descarga de resíduos ou outros poluentes.

3. **Método de amostragem**:

o **Amostragem de agarrar**: Submergir o frasco de amostragem logo abaixo da superfície da água e recolher uma única amostra.

o **Amostragem integrada**: Baixar um dispositivo de amostragem (por exemplo, garrafa de Niskin) através da coluna de água para recolher amostras integradas de diferentes profundidades.

4. **Recolha de amostras**:

o Lavar o frasco de amostragem várias vezes com água de amostragem antes de recolher a amostra final.

o Encher o frasco de amostragem sem introduzir bolhas de ar.

o Tapar bem o frasco para evitar fugas e potencial contaminação.

5. **Preservação de amostras**:

o Etiquetar cada amostra com a localização, profundidade e hora de recolha.

o Armazenar as amostras numa geleira com sacos de gelo ou refrigerar durante o transporte para o laboratório.

o Evitar congelar amostras, exceto se os protocolos de preservação o exigirem.

6. **Controlos de campo**:

o Colher amostras em branco (garrafas de amostragem vazias expostas ao ambiente de amostragem) para monitorizar a contaminação durante a amostragem.

o Registar os parâmetros ambientais (por exemplo, temperatura da água, pH) e quaisquer observações relevantes.

Procedimento de recolha de amostras de ar

1. **Preparação do equipamento**:

o Preparar equipamento de amostragem estéril: amostrador de impacto, impinger, membranas filtrantes, zaragatoas ou toalhetes.

o Assegurar que todos os dispositivos e contentores de amostragem são estéreis ou cuidadosamente limpos.

2. **Seleção do local de amostragem**:

o Identificar locais de amostragem com base em preocupações com a qualidade do ar interior ou exterior, padrões de fluxo de ar e potenciais fontes de contaminação microbiana.

3. **Método de amostragem**:

o **Amostragem por impactação**: Operar o amostrador de impacto para extrair ar através de um meio de crescimento sólido (por exemplo, placa de ágar) para recolher micróbios transportados pelo ar.

o **Amostragem com impingidor**: Utilizar um impinger para extrair ar através de um meio líquido (por exemplo, solução salina) para recolha microbiana.

- **Amostragem por filtro**: Passar o ar através de uma membrana filtrante para capturar as partículas que contêm micróbios transportados pelo ar.

4. **Recolha de amostras**:

- Posicionar o amostrador no ponto de amostragem designado, assegurando que a entrada fica exposta ao fluxo de ar.
- Operar o amostrador durante a duração e o caudal especificados para recolher um volume de ar adequado (por exemplo, metros cúbicos ou litros).

5. **Preservação de amostras**:

- Transferir o meio de colheita (placa de ágar, líquido ou membrana filtrante) para recipientes estéreis ou sacos selados.
- Rotular cada amostra com o local, data/hora e duração da amostragem.
- Armazenar as amostras a temperaturas adequadas (por exemplo, à temperatura ambiente ou refrigeradas) durante o transporte para o laboratório.

6. **Controlos de campo**:

- Efetuar ensaios de campo em branco (equipamento de amostragem não utilizado exposto ao ambiente de amostragem) para controlar a contaminação.
- Documentar as condições de amostragem, as condições climatéricas e quaisquer observações relevantes durante a amostragem.

Considerações gerais

- **Garantia de qualidade**: Seguir protocolos e diretrizes normalizados para a amostragem microbiana para garantir a reprodutibilidade e a fiabilidade dos resultados.
- **Cadeia de custódia**: Manter registos exactos do manuseamento, transporte e armazenamento das amostras para preservar a integridade das mesmas.
- **Precauções de segurança**: Utilizar equipamento de proteção individual (EPI) adequado e seguir os protocolos de segurança, especialmente quando se recolhem amostras em ambientes potencialmente perigosos.
- **Conformidade regulamentar**: Cumprir os regulamentos e diretrizes locais para o manuseamento e transporte de amostras microbianas.

Seguindo estes procedimentos e considerações adaptados a ambientes específicos, os investigadores podem efetivamente recolher amostras de comunidades microbianas para estudar a sua composição, diversidade e papéis ecológicos em vários ecossistemas.

10.2. Microscopia na investigação em ecologia microbiana

A microscopia, os métodos de cultura e as ferramentas moleculares são técnicas essenciais utilizadas na investigação em ecologia microbiana para estudar a diversidade, a estrutura, a função e as interações das comunidades microbianas. Cada método oferece uma perspetiva única sobre diferentes aspectos da

ecossistemas microbianos. Eis um resumo destas técnicas e das suas aplicações:

Microscopia na investigação em ecologia microbiana

A microscopia desempenha um papel crucial no estudo da ecologia microbiana, fornecendo informações sobre a morfologia, a organização espacial e as interações dos microrganismos nos seus ambientes. Eis as principais técnicas de microscopia utilizadas:

- . **Microscopia de luz**:

o **Aplicação**: Observação de células microbianas vivas ou coradas para estudar o seu tamanho, forma, motilidade e morfologia geral.

o **Utilização**: Identificar e quantificar populações microbianas, examinar estruturas celulares e observar interações microbianas (por exemplo, formação de biofilme).

o **Técnicas**:

■ **Microscopia de campo claro**: Método básico para visualizar micróbios corados ou não corados.

■ **Microscopia de contraste de fase**: Aumenta o contraste de amostras transparentes sem coloração.

■ **Microscopia de fluorescência**: Utiliza corantes fluorescentes ou proteínas para marcar componentes celulares específicos ou espécies microbianas para visualização.

- . **Microscopia eletrónica**:

o **Microscopia eletrónica de transmissão (TEM)**:

■ **Aplicação**: Fornece imagens de alta resolução da ultra-estrutura microbiana, incluindo membranas celulares, organelos e vírus.

■ **Utilização**: Exame pormenorizado da morfologia microbiana e da organização celular a nível subcelular.

o **Microscopia eletrónica de varrimento (SEM)**:

■ **Aplicação**: Produz imagens tridimensionais pormenorizadas de superfícies e estruturas microbianas.

■ **Utilização**: Estudo da aderência microbiana, formação de biofilmes e interações da superfície com substratos ou hospedeiros.

Aplicações de Microscopia em Ecologia Microbiana

- **Dinâmica de biofilmes**: Observação de comunidades microbianas aderidas a superfícies e compreensão da sua estrutura, desenvolvimento e interações.
- **Microbianas Interações**: Visualização de relações predador-presa, simbióticas associações (por exemplo, mutualismo, parasitismo) e dinâmica da comunidade microbiana.
- **Adaptações ambientais**: Estudo das adaptações morfológicas dos micróbios a factores de stress ambiental (por exemplo, limitação de nutrientes, alterações de pH).
- **Identificação taxonómica**: Utilização de caraterísticas morfológicas para ajudar na classificação taxonómica e identificação de espécies microbianas.

Avanços e integração com outras técnicas

- **Microscopia correlativa**: Combinação da microscopia de luz com a microscopia eletrónica ou outras modalidades de imagem para correlacionar detalhes celulares com o contexto ambiental.
- **Imagens em direto**: Visualização em tempo real de comportamentos microbianos, como a motilidade, o crescimento e a resposta a estímulos ambientais.
- **Análise de imagens microscópicas**: Análise quantitativa de populações microbianas, distribuição espacial e interações utilizando ferramentas de processamento digital de imagens e software.

Direcções futuras

- **Imagiologia de alto rendimento**: Automatização e robótica em microscopia para rastreio e análise rápidos de grandes conjuntos de dados microbianos.
- **Microscopia de Super-Resolução**: Ultrapassar os limites da resolução para visualizar estruturas e interações microbianas a níveis nanométricos.
- **Imagiologia multidimensional**: Integração da microscopia com abordagens ómicas (genómica, proteómica) para uma compreensão abrangente das funções microbianas e da dinâmica das comunidades.

A microscopia continua a ser indispensável na ecologia microbiana pela sua capacidade de fornecer uma visão detalhada das comunidades microbianas, ajudando na exploração da diversidade microbiana, papéis ecológicos e adaptações em vários ecossistemas.

10.3. Métodos de cultura na investigação em ecologia microbiana

Os métodos de cultura na investigação em ecologia microbiana são fundamentais para isolar e estudar espécies microbianas em condições laboratoriais controladas. Estes métodos permitem aos investigadores explorar a diversidade microbiana, as capacidades metabólicas e as interações nos ecossistemas. Apresenta-se aqui uma panorâmica dos métodos de cultura e das suas aplicações em ecologia microbiana:

Métodos de cultura na investigação em ecologia microbiana

1. **Técnicas dependentes da cultura**:

o **Objetivo**: Isolar e estudar espécies ou estirpes microbianas individuais que podem ser cultivadas em condições laboratoriais específicas.

o **Aplicações**:

▪ **Isolamento de culturas puras**: Obtenção de culturas puras a partir de amostras ambientais para estudar as suas caraterísticas fisiológicas, bioquímicas e genéticas.

▪ **Caracterização de vias metabólicas**: Avaliação das capacidades metabólicas, utilização de substratos e necessidades de nutrientes de micróbios isolados.

▪ **Estudo das Interações Microbianas**: Investigação de interações como o mutualismo, a competição e o antagonismo entre espécies microbianas.

o **Técnicas**:

▪ **Estratificação em placas**: Espalhar amostras diluídas em meios sólidos de ágar em placas de Petri para isolar colónias individuais.

▪ **Culturas em caldo**: Cultivo de micróbios em meios líquidos para estudar a dinâmica de crescimento e as actividades metabólicas.

▪ **Meios selectivos**: Utilização de meios suplementados com nutrientes ou inibidores específicos para favorecer o crescimento de grupos microbianos alvo.

▪ **Culturas de enriquecimento**: Cultivo de micróbios em condições que promovem o crescimento de certos tipos metabólicos (por exemplo, fixadores de azoto, degradadores de hidrocarbonetos).

2. **Técnicas independentes da cultura**:

o **Objetivo**: Analisar comunidades microbianas sem a necessidade de isolar e cultivar espécies individuais.

○ **Aplicações**:

■ **Avaliação da composição da comunidade**: Determinação da diversidade e a abundância relativa de taxa microbianos em amostras ambientais.

■ **Análise funcional**: Avaliação do potencial metabólico e das actividades das comunidades microbianas.

■ **Estudos comparativos**: Análise das alterações na estrutura e função da comunidade microbiana em diferentes condições ambientais.

○ **Técnicas**:

■ **Técnicas baseadas no ADN**:

■ **Sequenciação do gene 16S rRNA**: Amplificação e sequenciação do gene 16S rRNA para identificar e classificar os taxa bacterianos e arqueanos.

■ **Sequenciação do gene 18S rRNA**: Semelhante à sequenciação do rRNA 16S, mas direcionada para comunidades microbianas eucarióticas (por exemplo, fungos, protistas).

■ **Sequenciação de todo o genoma**: Sequenciação de todo o ADN presente numa amostra para avaliar a diversidade microbiana, genes funcionais e potenciais interações.

- **Técnicas baseadas em ARN**:

Metatranscriptómica: Sequenciamento e análise de transcritos de RNA para avaliar perfis de expressão gênica e atividades metabólicas em comunidades microbianas.

- **Técnicas baseadas em proteínas**:

Metaproteómica: Identificação e quantificação de proteínas expressas por comunidades microbianas para inferir vias metabólicas e papéis ecológicos.

- **Sondagem de isótopos estáveis (SIP)**:

Aplicação: Rastrear a incorporação de substratos marcados isotopicamente na biomassa microbiana para ligar a identidade microbiana a funções metabólicas específicas.

Integração com outras técnicas

• **Abordagens multiómicas**: Combinação de dados de genómica, transcriptómica, proteómica e metabolómica para obter uma compreensão abrangente da dinâmica e função da comunidade microbiana.

• **Microscopia e imagiologia**: Correlacionar os resultados da cultura com observações microscópicas para estudar a morfologia microbiana, padrões de crescimento e interações em condições controladas.

Vantagens e desafios

• **Vantagens**:

○ Fornece informações sobre as caraterísticas fisiológicas e bioquímicas dos micróbios isolados.

○ Facilita o estudo de culturas puras para uma caraterização e experimentação detalhadas.

○ Permite investigações orientadas sobre vias metabólicas específicas e interações microbianas.

- **Desafios**:

○ Muitos micróbios ambientais não são facilmente cultiváveis em condições laboratoriais normais (a "anomalia da grande contagem de placas").

○ As tendências de cultura podem favorecer certos taxa microbianos ou tipos metabólicos, levando a uma sub-representação da diversidade da comunidade.

- As técnicas dependentes da cultura podem não captar todo o potencial funcional das comunidades microbianas.

Direcções futuras

- **Técnicas de cultura inovadoras**: Desenvolvimento de novas formulações de meios e condições de crescimento para cultivar micróbios anteriormente não cultiváveis.
- **Triagem de alto rendimento**: Automação e robótica na cultura para aumentar o rendimento e a eficiência no isolamento e estudo de espécies microbianas.
- **Estudos Integrativos**: Combinação de culturas com técnicas moleculares e de imagiologia avançadas para colmatar a lacuna entre a diversidade microbiana e as funções do ecossistema.

As ferramentas moleculares desempenham um papel crucial na investigação em ecologia microbiana, permitindo aos cientistas estudar a diversidade microbiana, a estrutura da comunidade, a função e as interações em vários ambientes. Estas ferramentas utilizam técnicas genéticas e moleculares para analisar comunidades microbianas diretamente a partir de amostras ambientais, sem necessidade de cultivar espécies individuais. Segue-se uma panorâmica das principais ferramentas moleculares utilizadas na investigação em ecologia microbiana:

Ferramentas moleculares na investigação em ecologia microbiana

1. **PCR (Reação em cadeia da polimerase)**:

- **Aplicação**: Amplificação de sequências específicas de ADN a partir de amostras ambientais.
- **Utilização**: Identificação, quantificação e caraterização de taxa microbianos e genes funcionais.
- **Técnicas**:

- **PCR do gene 16S rRNA**: Seleção do gene bacteriano 16S rRNA conservado para avaliar a composição e diversidade da comunidade bacteriana.
- **PCR do gene 18S rRNA**: Amplificação do gene eucariótico 18S rRNA para o estudo da diversidade de fungos e protistas.
- **PCR de genes funcionais**: Amplificação de genes envolvidos em vias metabólicas específicas (por exemplo, ciclo do azoto, oxidação do metano) para investigar as funções microbianas.

2. **Sequenciação de nova geração (NGS)**:

- **Aplicação**: Sequenciação de alto rendimento de ADN ou ARN de comunidades microbianas.
- **Utilização**: Perfil da diversidade microbiana, composição da comunidade e potencial funcional.
- **Técnicas**:

- **Metagenómica**: Sequenciação do ADN genómico total para estudar a composição genética e as potenciais capacidades metabólicas das comunidades microbianas.
- **Metatranscriptómica**: Sequenciação de transcritos de ARN para avaliar perfis de expressão genética e actividades metabólicas em comunidades microbianas.
- **Metaproteómica**: Identificação e quantificação de proteínas expressas por comunidades microbianas para inferir vias metabólicas e papéis ecológicos.

3. **Hibridação in situ por fluorescência (FISH)**:

o **Aplicação**: Visualização e identificação de taxa microbianos específicos ou genes funcionais em amostras ambientais.

o **Utilização**: Estudo da distribuição espacial, interações e abundância microbianas.

o **Técnicas**:

▪ **Sondas de oligonucleótidos**: As sondas marcadas fluorescentemente hibridizam com sequências alvo complementares em células microbianas, permitindo a visualização direta sob um microscópio de fluorescência.

▪ **FISH quantitativo (qFISH)**: Quantificação da contagem de células microbianas e avaliação da dinâmica da comunidade com base na intensidade de fluorescência da sonda.

4. **Sondagem de isótopos estáveis (SIP)**:

o **Aplicação**: Rastrear a incorporação de substratos marcados isotopicamente na biomassa microbiana.

o **Utilização**: Ligar a identidade microbiana a funções e actividades metabólicas específicas.

o **Técnicas**:

▪ **DNA-SIP**: Sequenciação de ADN marcado para identificar populações microbianas activas envolvidas no ciclo de nutrientes ou na utilização de substratos.

▪ **RNA-SIP**: Sequenciação de ARN marcado para avaliar a expressão genética e as vias metabólicas de comunidades microbianas activas.

5. **Bioinformática e ferramentas computacionais**:

o **Aplicação**: Analisar e interpretar conjuntos de dados moleculares em grande escala gerados a partir de estudos de ecologia microbiana.

o **Utilização**: Classificação taxonómica, anotação funcional, análise estatística e visualização de dados de comunidades microbianas.

o **Técnicas**:

▪ **Alinhamento e montagem de sequências**: Alinhamento e montagem de leituras de sequências em contigs ou unidades taxonómicas operacionais (OTUs).

▪ **Métricas de diversidade**: Cálculo dos índices de diversidade alfa e beta para quantificar a riqueza de espécies e a estrutura da comunidade em todas as amostras.

▪ **Análise estatística**: Aplicação de análise multivariada, agrupamento e análise de rede para explorar relações e padrões ecológicos em comunidades microbianas.

Integração com outras técnicas

• **Abordagens Multi-ómicas**: Integração de dados de genómica, transcriptómica, proteómica e metabolómica para obter uma visão abrangente da estrutura, função e dinâmica da comunidade microbiana.

• **Microscopia e imagiologia**: Correlacionar dados moleculares com observações microscópicas para relacionar o potencial genético com as actividades e interações microbianas in situ.

Vantagens e desafios

• **Vantagens**:

o Permite a caraterização abrangente de comunidades microbianas sem a necessidade de cultura.

- Fornece informações sobre a diversidade microbiana, as capacidades funcionais e os papéis ecológicos em ambientes complexos.
- Facilita os estudos sobre as respostas microbianas às alterações e perturbações ambientais.

• **Desafios**:
- Complexidade da análise e interpretação dos dados, exigindo conhecimentos avançados de bioinformática.
- Vieses de amostragem e limitações na captura de taxa microbianos raros ou de baixa abundância.
- Custo elevado associado à sequenciação e aos recursos computacionais para estudos em grande escala.

Direcções futuras

• **Avanços tecnológicos**: Desenvolvimento de tecnologias de sequenciação mais eficientes e económicas para a investigação em ecologia microbiana.

• **Integração de grandes volumes de dados**: Integração de dados multiómicos com modelos ecológicos para prever as respostas da comunidade microbiana a factores de mudança global.

• **Análise de célula única**: Avanços na sequenciação de células únicas e abordagens ómicas para estudar células microbianas individuais em comunidades complexas.

10.4. Bioinformática, abordagens para a análise de dados microbianos

A bioinformática desempenha um papel crucial na análise de dados microbianos gerados a partir de várias técnicas moleculares na investigação em ecologia microbiana. Envolve a aplicação de métodos computacionais e estatísticos para interpretar conjuntos de dados biológicos em grande escala, facilitando a compreensão da diversidade microbiana, da dinâmica da comunidade, do potencial funcional e das interações ecológicas. Eis algumas das principais abordagens e métodos utilizados na bioinformática para analisar dados microbianos:

Abordagens para a análise de dados microbianos em bioinformática

1. **Processamento de dados de sequências e controlo de qualidade**:
- **Pré-processamento de sequências**:
▪ **Filtragem de qualidade**: Remoção de leituras de baixa qualidade e corte de adaptadores e primers de sequenciação.
▪ **Alinhamento de sequências**: Mapeamento de leituras de sequências para bases de dados de referência ou genomas para identificar taxa microbianos ou genes funcionais.

2. **Classificação taxonómica**:
- **Análise do gene 16S rRNA**:
▪ **Agrupamento de OTU (Unidade Taxonómica Operacional)**: Agrupamento de sequências em OTUs com base em limiares de semelhança de sequências (por exemplo, 97% de semelhança).
▪ **Atribuição taxonómica**: Atribuição de identidades taxonómicas a OTUs utilizando bases de dados de referência (por exemplo, Greengenes, SILVA).
- **Análise metagenómica**:
▪ **Perfil taxonómico**: Atribuição de identidades taxonómicas a leituras de sequenciação ou contigs com base na semelhança de sequências com genomas de referência ou genes

marcadores.

- **Anotação funcional**: Previsão de genes e vias funcionais utilizando bases de dados como a KEGG (Kyoto Encyclopedia of Genes and Genomes) ou COG (Clusters of Orthologous Groups).

3. **Análise da diversidade e da estrutura da comunidade**:

- o **Diversidade alfa**: Avaliação da riqueza de espécies (número de espécies) e da regularidade (distribuição da abundância de espécies numa comunidade) em amostras individuais.
- o **Diversidade Beta**: Comparação das diferenças na composição da comunidade entre amostras ou ambientes utilizando métricas de distância (por exemplo, Bray-Curtis, UniFrac).

4. **Análise estatística e visualização**:

- o **Análise de Abundância Diferencial**: Identificação de taxa ou genes funcionais que diferem significativamente em abundância entre grupos de amostras (por exemplo, controlo vs. tratamento).
- o **Análise multivariada**: Exploração de relações e padrões em dados de comunidades microbianas utilizando técnicas como a análise de componentes principais (PCA) ou agrupamento hierárquico.
- o **Ferramentas de visualização**: Geração de gráficos (por exemplo, gráficos de barras, mapas de calor, gráficos PCoA) para visualizar a composição da comunidade microbiana, diversidade e abundância diferencial.

5. **Anotação funcional e análise de vias**:

- o **Perfil funcional metagenómico**: Previsão das vias metabólicas e dos genes funcionais presentes nas comunidades microbianas.
- o **Análise de enriquecimento de vias**: Identificação de vias metabólicas enriquecidas ou categorias funcionais associadas a condições ambientais ou tratamentos específicos.

6. **Análise de rede**:

- o **Redes de Interação Microbiana**: Construção de redes para visualizar e analisar interações (por exemplo, coocorrência, co-exclusão) entre taxa microbianos ou grupos funcionais.
- o **Métricas de redes ecológicas**: Cálculo das propriedades da rede (por exemplo, modularidade, centralidade de grau) para caraterizar a estrutura e a estabilidade da comunidade microbiana.

Ferramentas e software para análise de dados microbianos

- **QIIME (Quantitative Insights Into Microbial Ecology)**: Pacote de software para processamento e análise de dados de sequenciação do gene 16S rRNA.
- **mothur**: Ferramenta para análise de comunidades de ecologia microbiana, incluindo alinhamento de sequências, agrupamento de OTUs e estimativa de diversidade.
- **MetaPhlAn**: Ferramenta de caraterização metagenómica para caraterização taxonómica baseada em genes marcadores específicos de clados únicos.
- **PICRUSt (Phylogenetic Investigation of Communities by Reconstruction of Unobserved States)**: Ferramenta de previsão para inferir o conteúdo funcional do metagenoma a partir de dados de 16S rRNA.
- **MEGAN (MetaGenome Analyzer)**: Software para análise taxonómica e funcional de dados metagenómicos utilizando classificações hierárquicas.

- **Pacotes R (por exemplo, vegan, DESeq2, edgeR)**: Ferramentas estatísticas para análise de abundância diferencial, métricas de diversidade e visualização em ambiente de programação R.

Desafios e direcções futuras

- **Integração de dados**: Integração de dados multiómicos (por exemplo, metagenómica, metatranscriptómica) para obter uma compreensão abrangente das funções da comunidade microbiana.
- **Normalização**: Estabelecimento de protocolos e condutas normalizados para a análise reprodutível de dados microbianos em diferentes estudos e laboratórios.
- **Recursos computacionais**: Enfrentar os desafios relacionados com a potência computacional e o armazenamento para tratar conjuntos de dados microbianos em grande escala.
- **Aprendizagem automática**: Avanço das abordagens de aprendizagem automática para a modelação preditiva e classificação da dinâmica da comunidade microbiana e das respostas às alterações ambientais.

As abordagens bioinformáticas continuam a evoluir, permitindo aos investigadores descobrir padrões intrincados e conhecimentos a partir de dados microbianos que contribuem para a nossa compreensão da ecologia microbiana, dos processos dos ecossistemas e das suas implicações para a saúde humana e a sustentabilidade ambiental.

Abordagens metagenómicas para a análise de dados microbianos

A metagenómica é uma abordagem poderosa em ecologia microbiana que envolve a sequenciação direta e a análise de material genético recuperado diretamente de amostras ambientais. Este método permite aos investigadores estudar a composição genética, o potencial funcional e as capacidades metabólicas de comunidades microbianas inteiras sem a necessidade de cultivar espécies individuais. Eis uma visão geral das abordagens e técnicas metagenómicas utilizadas para analisar dados microbianos:

Abordagens metagenómicas para a análise de dados microbianos

1. **Extração e sequenciação de ADN**:
   - **Extração de ADN**: Isolamento do ADN genómico total de amostras ambientais (por exemplo, solo, água, intestino) utilizando kits de extração optimizados para diversas comunidades microbianas.
   - **Sequenciação Shotgun**: Sequenciação de todo o ADN presente numa amostra, gerando fragmentos aleatórios (leituras) que representam os genomas colectivos dos membros da comunidade microbiana.
2. **Montagem e Reconstrução do Genoma**:
   - **Montagem de sequências**: Fusão de leituras de sequências sobrepostas em sequências contíguas mais longas (contigs) ou scaffolds para reconstruir genomas parciais ou quase completos de espécies microbianas individuais.
   - **Bin Clustering**: Agrupamento de contigs em bins de genoma com base na composição da sequência, profundidade de cobertura e marcadores taxonómicos para inferir os genomas dos membros da comunidade.
3. **Perfil taxonómico**:

o **Análise filogenética**: Classificação e identificação de taxa microbianos com base em genes marcadores (por exemplo, 16S rRNA para bactérias, 18S rRNA para eucariotas) ou sequências de genoma completo.

o **Análise de marcadores genéticos**: Estimar a abundância relativa e a diversidade de taxa microbianos utilizando marcadores de genes específicos em conjuntos de dados metagenómicos.

4. **Anotação funcional e análise de vias**:

o **Previsão de genes**: Previsão de quadros de leitura abertos (ORFs) e anotação de genes para inferir o potencial funcional em sequências metagenómicas.

o **Reconstrução de vias**: Identificação e reconstrução de vias metabólicas e módulos funcionais envolvidos no ciclo de nutrientes, biodegradação e outros processos ecológicos.

5. **Metagenómica comparativa**:

o **Análise da estrutura da comunidade**: Comparação da composição e diversidade da comunidade microbiana em diferentes amostras ou condições ambientais utilizando perfis taxonómicos e funcionais.

o **Análise de Abundância Diferencial**: Identificação de taxa ou genes funcionais que diferem significativamente em abundância entre grupos de amostras.

6. **Análise ecológica e de rede**:

o **Rede de Coocorrência**: Construção de redes para analisar as interações microbianas (por exemplo, coocorrência, co-exclusão) e as relações ecológicas dentro das comunidades microbianas.

o **Métricas de rede**: Cálculo das propriedades da rede (por exemplo, modularidade, centralidade de grau) para caraterizar a estrutura e a estabilidade da comunidade.

Ferramentas e software para análise metagenómica

- **MEGAHIT**: Montador de sequências metagenómicas shotgun para gerar contigs e scaffolds.
- **MetaPhlAn**: Ferramenta para a definição de perfis taxonómicos com base em genes marcadores específicos de clados.
- **MG-RAST (Metagenomics Rapid Annotation using Subsystem Technology)**: Plataforma em linha para análise e anotação de dados metagenómicos.
- **IMG/M (Integrated Microbial Genomes and Metagenomes)**: Base de dados e plataforma de análise para metagenómica comparativa e exploração de genomas microbianos.
- **KEGG (Enciclopédia de Genes e Genomas de Quioto)**: Base de dados e ferramentas para o mapeamento de vias e anotação funcional em conjuntos de dados metagenómicos.
- **MetaBAT**: Ferramenta para agrupar contigs em compartimentos do genoma com base na composição da sequência e na cobertura das amostras.

Desafios e direcções futuras

- **Complexidade dos dados**: Manipulação e análise de conjuntos de dados metagenómicos em grande escala, que exigem recursos computacionais substanciais e conhecimentos de bioinformática.
- **Validação funcional**: Integração de dados metagenómicos com validação experimental

para confirmar as funções microbianas e as vias metabólicas previstas a partir de informações genómicas.

- **Estudos longitudinais**: Realização de amostragens longitudinais para captar a dinâmica temporal e as respostas das comunidades microbianas às alterações ambientais.
- **Integração com outros dados ómicos**: Integração da metagenómica com a metatranscriptómica, a metaproteómica e a metabolómica para uma compreensão holística das actividades da comunidade microbiana.

A metagenómica continua a fazer avançar a nossa compreensão da ecologia microbiana, revelando a diversidade genética, as capacidades funcionais e os papéis ecológicos das comunidades microbianas em diversos ambientes. Estas abordagens são cruciais para responder a questões-chave em microbiologia, ciências ambientais, biotecnologia e saúde humana.

As abordagens computacionais para a análise de dados microbianos englobam uma vasta gama de métodos e ferramentas que tiram partido da bioinformática, da análise estatística e das técnicas de aprendizagem automática. Estas abordagens são essenciais para extrair conhecimentos significativos de conjuntos de dados de grande escala gerados por várias tecnologias moleculares e de sequenciação em ecologia microbiana. Apresenta-se aqui uma panorâmica das abordagens computacionais habitualmente utilizadas para analisar dados microbianos:

Abordagens computacionais para a análise de dados microbianos

1. **Processamento de dados de sequências e controlo de qualidade**:
   - **Filtragem de qualidade**: Remoção de leituras de baixa qualidade, adaptadores e artefactos de PCR dos dados de sequenciação.
   - **Corte de sequências**: Cortar ou aparar sequências para remover bases de baixa qualidade ou regiões com nucleótidos ambíguos.
   - **Correção de erros**: Identificação e correção de erros de sequenciação para melhorar a precisão das análises a jusante.
2. **Anotação taxonómica e funcional**:
   - **Classificação taxonómica**: Atribuição de identidades taxonómicas a leituras de sequenciação ou contigs com base na semelhança com bases de dados de referência (por exemplo, 16S rRNA para bactérias, 18S rRNA para eucariotas).
   - **Anotação funcional**: Previsão de genes funcionais e vias metabólicas utilizando bases de dados como KEGG, COG ou Pfam.
   - **Análise de genes marcadores**: Estimativa da composição e diversidade da comunidade microbiana utilizando genes marcadores específicos (por exemplo, 16S rRNA, ITS) para bactérias, archaea, fungos e outros grupos microbianos.
3. **Análise estatística e visualização**:
   - **Métricas de diversidade**: Cálculo dos índices de diversidade alfa e beta para quantificar a riqueza de espécies, a uniformidade e a estrutura da comunidade nas amostras.
   - **Análise de Abundância Diferencial**: Identificação de taxa ou genes funcionais que diferem significativamente em abundância entre grupos de amostras usando testes estatísticos (por exemplo, DESeq2, edgeR).

○ **Análise multivariada**: Exploração de relações e padrões em dados de comunidades microbianas através de técnicas como a análise de componentes principais (PCA), ordenação (por exemplo, NMDS, PCoA) e agrupamento (por exemplo, agrupamento hierárquico).

4. **Análise de rede**:

○ **Redes de Interação Microbiana**: Construção de redes para visualizar e analisar interações (por exemplo, coocorrência, co-exclusão) entre taxa microbianos ou grupos funcionais.

○ **Métricas de rede**: Cálculo das propriedades da rede (por exemplo, modularidade, centralidade) para caraterizar a estrutura da comunidade, a estabilidade e as relações ecológicas.

5. **Aprendizagem automática e modelação preditiva**:

○ **Classificação e Regressão**: Utilização de algoritmos de aprendizagem supervisionada (por exemplo, floresta aleatória, máquinas de vectores de apoio) para classificar taxa microbianos ou prever condições ambientais com base em dados genómicos ou metagenómicos.

○ **Seleção de caraterísticas**: Identificação de caraterísticas relevantes (por exemplo, genes, vias) que discriminam entre grupos de amostras ou contribuem para funções ecológicas específicas.

○ **Aprendizagem profunda**: Aplicação de redes neurais profundas para reconhecimento de padrões complexos e tarefas de classificação na análise de dados microbianos.

6. **Integração de dados multiómicos**:

○ **Integração meta-ómica**: Integração de dados de metagenómica, metatranscriptómica, metaproteómica e metabolómica para obter uma compreensão abrangente das funções e interações da comunidade microbiana.

○ **Fusão de dados ómicos**: Desenvolvimento de abordagens integradoras para combinar dados ómicos multidimensionais para análises a nível de sistemas e modelização preditiva.

Ferramentas e software para análise computacional

- **QIIME 2 (Quantitative Insights Into Microbial Ecology)**: Plataforma para analisar dados de sequenciação microbiana, incluindo perfis taxonómicos, análise da diversidade e aprendizagem automática.
- **mothur**: Pacote de software para análise de comunidades de ecologia microbiana, alinhamento de sequências, agrupamento de OTU e estimativa de diversidade.
- **Pacotes R (por exemplo, vegan, phyloseq)**: Ferramentas estatísticas para análise de comunidades microbianas, métricas de diversidade e visualização no ambiente de programação R.
- **MetaPhlAn**: Ferramenta para a definição de perfis taxonómicos com base em genes marcadores específicos de clados em conjuntos de dados metagenómicos.
- **PICRUSt (Phylogenetic Investigation of Communities by Reconstruction of Unobserved States)**: Ferramenta para prever o conteúdo funcional metagenómico a partir de dados de genes marcadores (por exemplo, 16S rRNA).

Desafios e direcções futuras

- **Tratamento de grandes volumes de dados**: Desenvolvimento de algoritmos escaláveis e estruturas computacionais para a análise eficiente de conjuntos de dados microbianos em grande escala.

- **Normalização**: Estabelecimento de pipelines e protocolos padronizados para a análise reprodutível de dados microbianos em estudos e plataformas.
- **Integração de dados**: Integração de fontes de dados heterogéneas (por exemplo, genómica, metadados ambientais) para uma caraterização abrangente da comunidade microbiana.
- **Interpretabilidade**: Melhorar a interpretabilidade dos modelos de aprendizagem automática e garantir a relevância biológica das previsões e descobertas computacionais.

As abordagens computacionais continuam a evoluir, impulsionadas pelos avanços da bioinformática, da ciência dos dados e da biologia computacional, permitindo aos investigadores descobrir interações microbianas complexas, funções e dinâmicas ecológicas em diversos ambientes. Estas abordagens são fundamentais para melhorar a nossa compreensão da ecologia microbiana, dos processos dos ecossistemas e das suas implicações para a saúde humana e a sustentabilidade ambiental.

Capítulo 11: Tópicos Emergentes em Ecologia Microbiana

11.1. Evolução microbiana e adaptação a ambientes em mudança

A evolução microbiana e a adaptação a ambientes em mudança são processos fundamentais que moldam a diversidade microbiana, as interações ecológicas e o funcionamento dos ecossistemas. Os microrganismos, incluindo bactérias, archaea, fungos e protistas, apresentam estratégias de adaptação notáveis para sobreviver e prosperar em várias condições ambientais. Eis um resumo da evolução microbiana e dos mecanismos de adaptação:

Mecanismos de evolução microbiana

1. **Variação genética**:

o **Mutação**: Alterações aleatórias na sequência de ADN que introduzem diversidade genética nas populações microbianas.

o **Transferência horizontal de genes (HGT)**: Troca de material genético entre diferentes espécies microbianas através de mecanismos como a conjugação, a transformação e a transdução, permitindo a rápida aquisição de novas caraterísticas.

2. **Seleção natural**:

o **Pressão selectiva**: Factores ambientais (por exemplo, temperatura, pH, disponibilidade de nutrientes, poluentes) que exercem pressão sobre as populações microbianas, selecionando caraterísticas vantajosas.

o **Vantagem de aptidão**: As caraterísticas que conferem vantagens de sobrevivência (por exemplo, resistência a antibióticos, versatilidade metabólica) são favorecidas e propagadas nas comunidades microbianas.

3. **Adaptação a condições de stress**:

o **Stress osmótico: Adaptação da permeabilidade da membrana celular e da produção de osmólitos para regular o equilíbrio hídrico em ambientes osmóticos variáveis (por exemplo, habitats salinos).**

o **Extremos de temperatura**: Produção de proteínas de choque térmico e ajuste da composição lipídica da membrana para suportar temperaturas altas ou baixas (por exemplo, termófilos, psicrófilos).

o **Adaptação ao pH**: Manutenção do pH intracelular através de bombas de protões e sistemas tampão para sobreviver a condições ácidas ou alcalinas.

4. **Plasticidade metabólica**:

o **Versatilidade catabólica**: Capacidade de metabolizar diversas fontes de carbono e energia, permitindo que as comunidades microbianas explorem a disponibilidade flutuante de nutrientes nos seus habitats.

o **Respiração anaeróbica**: Adaptação a ambientes com pouco oxigénio através de aceptores alternativos de electrões (por exemplo, nitrato, sulfato, ferro) para o metabolismo energético.

Exemplos de adaptação microbiana

- **Resistência aos antibióticos**: Evolução dos mecanismos de resistência (por exemplo, bombas de efluxo, modificação enzimática) em resposta à exposição a antibióticos, levando à persistência de estirpes microbianas resistentes.
- **Biodegradação**: Adaptação de consórcios microbianos para degradar poluentes (por

exemplo, hidrocarbonetos, pesticidas) através de vias enzimáticas, melhorando as capacidades de remediação ambiental.

- **Relações simbióticas**: Co-evolução de relações mutualistas ou parasitárias entre micróbios e hospedeiros (por exemplo, bactérias fixadoras de azoto em raízes de plantas, microbiota intestinal em animais).

Tendências evolutivas a longo prazo

- **Diversificação microbiana**: Eventos de especiação e divergência de linhagens microbianas ao longo de escalas temporais geológicas, influenciadas pelo isolamento geográfico e por alterações ambientais.
- **Compensações evolutivas**: Equilíbrio entre a adaptação a nichos ambientais específicos e potenciais compensações noutras caraterísticas relacionadas com a aptidão (por exemplo, taxa de crescimento, capacidade competitiva).

Métodos de estudo da evolução microbiana

- **Evolução experimental**: Cultivo a longo prazo em condições laboratoriais controladas para observar mudanças adaptativas em populações microbianas.
- **Genómica comparativa**: Análise dos genomas de espécies microbianas estreitamente relacionadas para identificar adaptações genéticas e trajectórias evolutivas.
- **Reconstrução filogenética**: Inferir relações evolutivas e tempos de divergência entre taxa microbianos com base na filogenética molecular (por exemplo, sequenciação do gene 16S rRNA).

Implicações para a ecologia e a biotecnologia

- **Resiliência dos ecossistemas**: A adaptação microbiana influencia a resiliência dos ecossistemas às perturbações ambientais e contribui para os ciclos biogeoquímicos (por exemplo, ciclo do carbono e do azoto).
- **Aplicações biotecnológicas**: Aproveitamento dos mecanismos de adaptação microbiana para biorremediação, produção de biocombustíveis e síntese de enzimas industriais com propriedades melhoradas.

A evolução e a adaptação microbianas são processos dinâmicos essenciais para compreender a diversidade microbiana, as interações ecológicas e as respostas às alterações ambientais. Estes processos têm implicações profundas na estabilidade dos ecossistemas, na saúde humana e na inovação biotecnológica.

11.2. Ecologia microbiana e alterações climáticas

A evolução microbiana e a adaptação a ambientes em mudança são processos fundamentais que moldam a diversidade microbiana, as interações ecológicas e o funcionamento dos ecossistemas. Os microrganismos, incluindo bactérias, archaea, fungos e protistas, apresentam estratégias de adaptação notáveis para sobreviver e prosperar em várias condições ambientais. Eis um resumo da evolução microbiana e dos mecanismos de adaptação:

Mecanismos de evolução microbiana

1. **Variação genética**:
   - **Mutação**: Alterações aleatórias na sequência de ADN que introduzem diversidade genética nas populações microbianas.

o **Transferência horizontal de genes (HGT)**: Troca de material genético entre diferentes espécies microbianas através de mecanismos como a conjugação, transformação e transdução, permitindo a rápida aquisição de novas caraterísticas.

2. **Seleção natural**:

o **Pressão selectiva**: Factores ambientais (por exemplo, temperatura, pH, disponibilidade de nutrientes, poluentes) que exercem pressão sobre as populações microbianas, selecionando caraterísticas vantajosas.

o **Vantagem de aptidão**: As caraterísticas que conferem vantagens de sobrevivência (por exemplo, resistência a antibióticos, versatilidade metabólica) são favorecidas e propagadas nas comunidades microbianas.

3. **Adaptação a condições de stress**:

o **Stress osmótico**: Adaptação da permeabilidade da membrana celular e da produção de osmólitos para regular o balanço hídrico em ambientes osmóticos variáveis (por exemplo, habitats salinos).

o **Extremos de temperatura**: Produção de proteínas de choque térmico e ajustamento da membrana composição lipídica para suportar temperaturas altas ou baixas (por exemplo, termófilos, psicrófilos).

o **Adaptação ao pH**: Manutenção do pH intracelular através de bombas de protões e sistemas tampão para sobreviver a condições ácidas ou alcalinas.

4. **Plasticidade metabólica**:

o **Versatilidade catabólica**: Capacidade de metabolizar diversas fontes de carbono e energia, permitindo que as comunidades microbianas explorem a disponibilidade flutuante de nutrientes nos seus habitats.

o **Respiração anaeróbica**: Adaptação a ambientes com pouco oxigénio através de aceptores alternativos de electrões (por exemplo, nitrato, sulfato, ferro) para o metabolismo energético.

Exemplos de adaptação microbiana

- **Resistência aos antibióticos**: Evolução dos mecanismos de resistência (por exemplo, bombas de efluxo, modificação enzimática) em resposta à exposição a antibióticos, levando à persistência de estirpes microbianas resistentes.
- **Biodegradação**: Adaptação de consórcios microbianos para degradar poluentes (por exemplo, hidrocarbonetos, pesticidas) através de vias enzimáticas, melhorando as capacidades de remediação ambiental.
- **Relações simbióticas**: Co-evolução de relações mutualistas ou parasitárias entre micróbios e hospedeiros (por exemplo, bactérias fixadoras de azoto em raízes de plantas, microbiota intestinal em animais).

Tendências evolutivas a longo prazo

- **Diversificação microbiana**: Eventos de especiação e divergência de linhagens microbianas ao longo de escalas temporais geológicas, influenciados pelo isolamento geográfico e por alterações ambientais.
- **Compensações evolutivas**: Equilíbrio entre a adaptação a nichos ambientais específicos e potenciais compensações noutras caraterísticas relacionadas com a aptidão (por exemplo, taxa de crescimento, capacidade competitiva).

Métodos de estudo da evolução microbiana

- **Evolução experimental**: Cultivo a longo prazo em condições laboratoriais controladas para observar mudanças adaptativas em populações microbianas.
- **Genómica comparativa**: Análise dos genomas de espécies microbianas estreitamente relacionadas para identificar adaptações genéticas e trajectórias evolutivas.
- **Reconstrução filogenética**: Inferir relações evolutivas e tempos de divergência entre taxa microbianos com base na filogenética molecular (por exemplo, sequenciação do gene 16S rRNA).

Implicações para a ecologia e a biotecnologia

- **Resiliência dos ecossistemas**: A adaptação microbiana influencia a resiliência dos ecossistemas às perturbações ambientais e contribui para os ciclos biogeoquímicos (por exemplo, ciclo do carbono e do azoto).
- **Aplicações biotecnológicas**: Aproveitamento dos mecanismos de adaptação microbiana para biorremediação, produção de biocombustíveis e síntese de enzimas industriais com propriedades melhoradas.

A evolução e a adaptação microbianas são processos dinâmicos essenciais para compreender a diversidade microbiana, as interações ecológicas e as respostas às alterações ambientais. Estes processos têm implicações profundas na estabilidade dos ecossistemas, na saúde humana e na inovação biotecnológica.

Ecologia microbiana na era das alterações climáticas e dos desafios ambientais globais

A ecologia microbiana é extremamente importante para compreender e atenuar os impactos das alterações climáticas e outros desafios ambientais globais. Os microrganismos desempenham um papel fundamental em vários processos ecológicos, incluindo o ciclo de nutrientes, o sequestro de carbono e a manutenção da estabilidade dos ecossistemas. Aqui está uma visão geral da ecologia microbiana no contexto das alterações climáticas e dos desafios ambientais globais:

O papel dos microrganismos nas alterações climáticas

1. **Ciclo de carbono e emissões de gases com efeito de estufa**:
   - **Sequestro de carbono**: Os micróbios nos solos, oceanos e zonas húmidas desempenham um papel fundamental no armazenamento de carbono através de processos como a fotossíntese, a decomposição da matéria orgânica e a mineralização.
   - **Produção e consumo de metano**: As arqueas metanogénicas produzem metano (um potente gás com efeito de estufa), enquanto as bactérias metanotróficas oxidam o metano, influenciando as concentrações de metano na atmosfera.
2. **Ciclo do azoto e dos nutrientes**:
   - **Fixação do azoto**: As bactérias simbióticas e de vida livre fixam o azoto atmosférico em formas utilizáveis pelas plantas, influenciando a disponibilidade e a produtividade do azoto nos ecossistemas.
   - **Desnitrificação**: Os micróbios convertem o nitrato em azoto gasoso, afectando a perda de azoto dos solos e dos sistemas aquáticos e influenciando as emissões de gases com efeito de estufa.

3. **Efeitos de feedback no clima**:

o **Alteração do albedo**: As comunidades microbianas nas superfícies de gelo e neve (por exemplo, nas regiões polares) afectam a refletividade da superfície (albedo), influenciando os padrões climáticos regionais.

o **Ciclos de retroação**: As alterações na estrutura e atividade da comunidade microbiana devido às alterações climáticas podem amplificar ou atenuar os impactos climáticos através de ciclos de retroação (por exemplo, o degelo do permafrost liberta gases com efeito de estufa).

Respostas das comunidades microbianas às alterações climáticas

1. **Mudanças na composição da comunidade**:

o **Mudanças de distribuição**: As espécies microbianas podem migrar ou adaptar-se a novos habitats à medida que as temperaturas e as condições ambientais se alteram.

o **Sucessão da comunidade**: Mudanças na diversidade microbiana e padrões de dominância em resposta a condições ambientais alteradas (por exemplo, temperatura, precipitação).

2. **Adaptações funcionais**:

o **Adaptação à temperatura**: Os micróbios podem adaptar as actividades enzimáticas e as vias metabólicas para se desenvolverem em regimes de temperatura variáveis.

o **Disponibilidade de água**: A seca e a alteração dos padrões de precipitação afectam as respostas microbianas ao stress hídrico e a dinâmica das comunidades nos ecossistemas terrestres e aquáticos.

Métodos e ferramentas para o estudo das respostas microbianas às alterações climáticas

- **Análise de ADN ambiental (eDNA)**: Avaliação da diversidade microbiana e da composição da comunidade utilizando ADN extraído diretamente de amostras ambientais (por exemplo, solos, água).
- **Metagenómica e Metatranscriptómica**: Estudo de genes funcionais e perfis de expressão genética de comunidades microbianas para compreender o seu papel nos processos do ecossistema e as respostas às alterações ambientais.
- **Investigação Ecológica a Longo Prazo (LTER)**: Monitorização de comunidades microbianas durante períodos prolongados para acompanhar as alterações na diversidade, atividade e funções do ecossistema em resposta à variabilidade climática .

Implicações para a conservação e gestão

- **Resiliência dos ecossistemas**: A compreensão das respostas microbianas às alterações climáticas ajuda a prever a resiliência e a vulnerabilidade dos ecossistemas a cenários ambientais futuros.
- **Estratégias de Conservação**: Incorporar a diversidade e a função microbiana no planeamento da conservação e nas práticas de gestão para manter os serviços ecossistémicos e a biodiversidade.

Desafios e direcções futuras

- **Integração através de escalas**: Ligar as respostas microbianas a nível molecular e da comunidade aos processos à escala do ecossistema para melhorar os modelos de previsão e as estratégias de gestão.
- **Colaborações globais**: Reforçar as colaborações internacionais e a partilha de dados

para monitorizar e atenuar os impactos das alterações climáticas na ecologia microbiana a nível mundial.

- **Avanços tecnológicos**: Desenvolvimento de novas ferramentas moleculares, tecnologias de deteção remota e modelos computacionais para melhorar o estudo das respostas microbianas às alterações ambientais.

A ecologia microbiana na era das alterações climáticas sublinha a importância de compreender a diversidade, as funções e as interações microbianas para atenuar os impactos climáticos, conservar a biodiversidade e manter os serviços ecossistémicos essenciais para o bem-estar humano e a saúde do planeta.

Perspectivas futuras e oportunidades de investigação em ecologia microbiana

As perspectivas e oportunidades futuras para a investigação em ecologia microbiana são vastas e promissoras, impulsionadas pelos avanços tecnológicos, pelos crescentes desafios ambientais e pelo crescente reconhecimento dos papéis críticos que os micróbios desempenham nos ecossistemas e na saúde humana. Eis algumas áreas-chave e oportunidades para a investigação futura em ecologia microbiana:

Áreas emergentes de investigação

1. **Interações microbioma-ambiente**:

o **Interações hospedeiro-micróbio**: Estudar o papel dos microbiomas na saúde e na doença do hospedeiro em diversos organismos, incluindo seres humanos, animais e plantas.

o **Microbiomas ambientais**: Exploração de comunidades microbianas em ambientes extremos (por exemplo, fontes hidrotermais de águas profundas, regiões polares) e suas adaptações a condições extremas.

2. **Respostas microbianas às alterações globais**:

o **Impactos das alterações climáticas**: Investigar como as alterações climáticas alteram a diversidade microbiana, a estrutura da comunidade e as funções do ecossistema em ecossistemas terrestres, aquáticos e marinhos.

o **Ecologia urbana**: Compreender as comunidades microbianas em ambientes urbanos e as suas respostas à urbanização, poluição e fragmentação do habitat.

3. **Biotecnologia microbiana e aplicações**:

o **Bioremediação e bioenergia**: Desenvolvimento de estratégias de base microbiana para a recuperação ambiental, gestão de resíduos e produção sustentável de bioenergia.

o **Biofarmacêuticos e Biocatálise**: Exploração de enzimas e metabolitos microbianos para produtos farmacêuticos, biocatálise industrial e materiais de base biológica.

4. **Inovações tecnológicas**:

o **Sequenciação de alto rendimento**: Avanço das tecnologias de sequenciação (por exemplo, sequenciação de terceira geração, sequenciação de nanoporos) para uma caraterização mais rápida e precisa das comunidades microbianas.

o **Ómicas de célula única**: Aplicação da genómica, transcriptómica e proteómica de uma única célula para desvendar as funções e interações metabólicas ao nível de cada célula microbiana.

5. **Abordagens integrativas**:

o **Integração Multi-ómica**: Integração da metagenómica, metatranscriptómica, metaproteómica e metabolómica para obter conhecimentos abrangentes sobre a estrutura, função e dinâmica da comunidade microbiana.

- **Biologia de sistemas**: Aplicação de abordagens de biologia de sistemas para modelar interações microbianas, prever respostas da comunidade a alterações ambientais e conceber consórcios microbianos para aplicações específicas.

Oportunidades e desafios

- **Integração e análise de dados**: Desenvolvimento de ferramentas bioinformáticas e modelos computacionais para lidar com conjuntos de dados microbianos em grande escala e extrair conhecimentos biológicos significativos.
- **Previsão Ecológica**: Utilizar a modelação preditiva e a previsão ecológica para antecipar as respostas das comunidades microbianas às alterações globais e informar as estratégias de conservação e gestão.
- **Investigação em colaboração**: Reforçar as colaborações interdisciplinares entre microbiologistas, ecologistas, cientistas computacionais e engenheiros para abordar questões de investigação complexas e desafios societais.

Relevância e impacto societal

- **Saúde humana**: Compreender o papel do microbioma humano na saúde e na doença e desenvolver terapias e diagnósticos baseados no microbioma.
- **Sustentabilidade ambiental**: Aproveitamento da diversidade e funções microbianas para promover a agricultura sustentável, melhorar a fertilidade dos solos e atenuar a poluição.

Considerações éticas e políticas

- **Utilização ética de recursos microbianos**: Abordagem de considerações éticas relacionadas com a utilização de recursos microbianos, a conservação da biodiversidade e o acesso equitativo a inovações biotecnológicas.
- **Política e regulamentação**: Informação sobre quadros políticos e regulamentos relacionados com a biotecnologia microbiana, a proteção ambiental e a biossegurança.

Referências

1. Falkowski, P. G., Fenchel, T., & Delong, E. F. (2008). Os motores microbianos que impulsionam os ciclos biogeoquímicos da Terra. Science, 320(5879), 1034-1039.
2. Prosser, J. I. (2012). Processos e interações do ecossistema em um pântano de diversidade. FEMS Microbiology Ecology, 81(3), 507-519.
3. Azam, F., Fenchel, T., Field, J. G., Gray, J. S., Meyer-Reil, L. A., & Thingstad, F. (1983). The ecological role of water-column microbes in the sea. Marine Ecology Progress Series, 10, 257-263.
4. Curtis, T. P., Sloan, W. T., & Scannell, J. W. (2002). Estimating prokaryotic diversity and its limits (Estimativa da diversidade procariótica e seus limites). Proceedings of the National Academy of Sciences, 99(16), 1049410499.
5. Whitman, W. B., Coleman, D. C., & Wiebe, W. J. (1998). Prokaryotes: The unseen majority. Proceedings of the National Academy of Sciences, 95(12), 6578-6583.
6. Delong, E. F. (2009). The microbial ocean from genomes to biomes (O oceano microbiano dos genomas aos biomas). Nature, 459(7244), 200-206.
7. Cavicchioli, R., Ripple, W. J., Timmis, K. N., Azam, F., Bakken, L. R., Baylis, M., ... & Wadhams, G. H. (2019). Aviso dos cientistas à humanidade: Microorganismos e alterações climáticas. Nature Reviews Microbiology, 17(9), 569-586.
8. Finlay, B. J., & Clarke, K. J. (1999). Dispersão ubíqua de espécies microbianas. Nature, 400(6747), 828-828.
9. Hugenholtz, P., Goebel, B. M., & Pace, N. R. (1998). Impacto de estudos independentes de cultura na visão filogenética emergente da diversidade bacteriana. Journal of Bacteriology, 180(18), 4765-4774.
10. Locey, K. J., & Lennon, J. T. (2016). As leis de escala prevêem a diversidade microbiana global. Actas da Academia Nacional de Ciências, 113(21), 5970-5975.
11. Rappé, M. S., & Giovannoni, S. J. (2003). The uncultured microbial majority (A maioria microbiana não cultivada). Revisão Anual de Microbiologia, 57(1), 369-394.
12. Venter, J. C., Remington, K., Heidelberg, J. F., Halpern, A. L., Rusch, D., Eisen, J. A., ... & Nelson, W. C. (2004). Sequenciação do genoma ambiental do Mar dos Sargaços. Science, 304(5667), 66-74.
13. Louca, S., Parfrey, L. W., & Doebeli, M. (2016). Função de dissociação e taxonomia no microbioma oceânico global. Science, 353(6305), 1272-1277.
14. Dini-Andreote, F., Stegen, J. C., Van Elsas, J. D., & Salles, J. F. (2015). Desemaranhando mecanismos que medeiam o equilíbrio entre processos estocásticos e determinísticos na sucessão microbiana. Anais da Academia Nacional de Ciências, 112(11), E1326-E1332.
15. Nemergut, D. R., Schmidt, S. K., Fukami, T., O'Neill, S. P., Bilinski, T. M., Stanish, L. F., ... & Ferrenberg, S. (2013). Padrões e processos de montagem da comunidade microbiana. Revisões de microbiologia e biologia molecular, 77(3), 342-356.
16. Fuhrman, J. A. (2009). Microbial community structure and its functional implications (Estrutura da comunidade microbiana e suas implicações funcionais). Nature, 459(7244), 193-199.
17. Shade, A., Peter, H., Allison, S. D., Baho, D. L., Berga, M., Bürgmann, H., ... &

Langenheder, S. (2012). Fundamentos da resistência e resiliência da comunidade microbiana. Fronteiras em Microbiologia, 3, 417.

18. Philippot, L., Andersson, S. G., Battin, T. J., Prosser, J. I., Schimel, J. P., Whitman, W. B., & Hallin, S. (2010). The ecological coherence of high bacterial taxonomic ranks. Nature Reviews Microbiology, 8(7), 523-529.

19. Hanson, C. A., Fuhrman, J. A., Horner-Devine, M. C., & Martiny, J. B. (2012). Para além dos padrões biogeográficos: processos que moldam a paisagem microbiana. Nature Reviews Microbiology, 10(7), 497-506.

20. Fierer, N. (2017). Abraçando o desconhecido: desembaraçando as complexidades do microbioma do solo. Nature Reviews Microbiology, 15(10), 579-590.

21. Barberán, A., Bates, S. T., Casamayor, E. O., & Fierer, N. (2012). Usando a análise de rede para explorar padrões de coocorrência em comunidades microbianas do solo. ISME Journal, 6(2), 343-351.

22. DeLong, E. F., Preston, C. M., Mincer, T., Rich, V., Hallam, S. J., Frigaard, N. U., ... & Beatty, J. T. (2006). Genómica comunitária entre assembleias microbianas estratificadas no interior do oceano. Science, 311(5760), 496-503.

23. Lozupone, C. A., & Knight, R. (2007). Global patterns in bacterial diversity (Padrões globais na diversidade bacteriana). Proceedings of the National Academy of Sciences, 104(27), 11436-11440.

24. Litchman, E., Edwards, K. F., & Klausmeier, C. A. (2015). Traços de utilização de recursos microbianos e trade-offs: implicações para a estrutura da comunidade, funcionamento e impactos biogeoquímicos no presente e no futuro. Frontiers in Microbiology, 6, 254.

25. Gilbert, J. A., Jansson, J. K., & Knight, R. (2014). O projeto Microbioma da Terra: sucessos e aspirações. BMC Biology, 12(1), 69.

26. Carini, P., Marsden, P. J., Leff, J. W., Morgan, E. E., Strickland, M. S., & Fierer, N. (2016). O DNA relíquia é abundante no solo e obscurece as estimativas da diversidade microbiana do solo. Nature Microbiology, 2(3), 16242.

27. Louca, S., Jacques, S. M. S., Pires, A. P. F., Leal, J. S., Srivastava, D. S., Parfrey, L. W., ... & Doebeli, M. (2016). Alta variabilidade taxonómica apesar da estrutura funcional estável nas comunidades microbianas. Nature Ecology & Evolution, 1(1), 15.

28. Shade, A., Jones, S. E., Caporaso, J. G., Handelsman, J., Knight, R., Fierer, N., & Gilbert, J. A. (2014). Táxons condicionalmente raros contribuem desproporcionalmente para mudanças temporais na diversidade microbiana. mBio, 5 (4), e01371-14.

29. Martiny, J. B. H., Jones, S. E., Lennon, J. T., & Martiny, A. C. (2015). Microbiomas à luz dos traços: Uma perspetiva filogenética. Science, 350(6261), aac9323.

30. Shade, A., & Handelsman, J. (2012). Para além do diagrama de Venn: a caça a um microbioma central. Environmental Microbiology, 14(1), 4-12.

MIX
Papier aus verantwortungsvollen Quellen
Paper from responsible sources
FSC® C105338

Printed by Books on Demand GmbH, Norderstedt / Germany